立领

贴身领

驳领

蝴蝶结领

悬垂领

针织罗纹领

平装袖

插肩袖

圆纽扣叠门襟

圆装袖

连身领

布纽扣对襟

拉链门襟

带袢门襟

暗门襟

长衫七分裤
款式设计

斜门襟

U0393211

贴袋

挖袋

绳带腰头

明门襟

西式裙款式设计

鱼尾裙款式设计

西装上衣款式设计

短裤款式设计

猎装上衣款式设计

休闲裤款式设计

衬衣款式设计

牛仔裤款式设计

分层裙款式设计

大格衫体形裤
款式设计

舞台功夫装
款式设计

短衫喇叭裤
款式设计

短衫超短裤
款式设计

低胸衫七分裤
款式设计

短裤套装
款式设计

青春时尚校园裙
款式设计

裸背高贵晚礼服
款式设计

长袖衫短裙
款式设计

背心短裙
款式设计

长袖衫斜摆裙
款式设计

秋冬季套裙
款式设计

沙滩套装
款式设计

低胸大摆晚礼服
款式设计

性感薄纱面料
款式设计

清爽大气的礼服
款式设计

流线型百褶裙礼服
款式设计

短衫长裤
款式设计

蝴蝶展翅
舞台礼服
款式设计

休闲优雅的礼服
款式设计

低胸短裙
款式设计

裸肩花裙
款式设计

连体职业裙装
款式设计

短袖裙裤
款式设计

起肩片裙
款式设计

泡泡裙
款式设计

吊带大摆花裙
款式设计

套装、长马甲三件套
款式设计

外国宫廷服装
款式设计

女性职业套裙
款式设计

系带长风衣
款式设计

飘逸宽松风衣
款式设计

宫廷贵妃服装款式设计

古代
服装
款式
设计

贵族宫廷
款式设计

书香门第服装
款式设计

名流
Celebrities

徐丽 编著

CorelDRAW
服装款式设计 完全剖析

清华大学出版社
北京

内 容 简 介

本书以不同类的基本款式服装为原型，在基本款式的基础上进行变化设计，在后面几个章节中选择了多种不同的案例进行详细讲解，使读者在学习的过程中既能掌握软件的基础知识，又能融会贯通学会服装款式的灵活变化与设计，将款式设计的基本原理与软件操作很好地结合在一起，能得以随心所欲的应用。

全书共分 13 章内容，分别讲解了现代服装款式设计基础、服装的部件与局部设计、裙子款式设计、裤子款式设计、传统上衣和西服款式设计、休闲套装款式设计、时尚套裙款式设计、晚礼服款式设计、性感裙装款式设计、办公室职业装款式设计、时尚女风衣款式设计以及古代传统服装款式设计等内容，让读者可以学习各种款式时装的设计和表现技巧。

本书是服装款式设计与绘制的实用型指导图书，适合各大院校服装设计专业作为教材使用，也适合初学者、想从事服装设计行业的人员作为自学手册。

图书在版编目 (CIP) 数据

名流——CorelDRAW 服装款式设计完全剖析 / 徐丽　编著 . — 北京：清华大学出版社，2017
ISBN 978-7-302-46138-8

Ⅰ . ①名… Ⅱ . ①徐… Ⅲ . ①服装设计—计算机辅助设计—图形软件 Ⅳ . ① TS941.26

中国版本图书馆 CIP 数据核字 (2017) 第 010884 号

责任编辑：李　磊
封面设计：王　晨
责任校对：曹　阳
责任印制：杨　艳

出版发行：清华大学出版社
　　　　　网　　　址：http://www.tup.com.cn，http://www.wqbook.com
　　　　　地　　　址：北京清华大学学研大厦A座　　　　　　邮　　编：100084
　　　　　社 总 机：010-62770175　　　　　　　　　　　邮　　购：010-62786544
　　　　　投稿与读者服务：010-62776969，c-service@tup.tsinghua.edu.cn
　　　　　质 量 反 馈：010-62772015，zhiliang@tup.tsinghua.edu.cn
印 装 者：北京亿浓世纪彩色印刷有限公司
经　　销：全国新华书店
开　　本：190mm×260mm　　印 张：18　　插 页：4　　字　　数：586千字
版　　次：2017年3月第1版　　　　　　　　　　　　　印　　次：2017年3月第1次印刷
印　　数：1～3000
定　　价：68.00元

产品编号：058423-01

PREFACE 前 言

　　服装设计就是通过市场调查，依据服装流行趋势，利用现有材料和工艺，或创造新的材料和工艺，设计出能够体现某种风格、表现某种思想、传达某种文化的服装样式。这些服装样式需要通过某种方式加以表达，如口头表达、文字表达、绘画表达等。数字化服装设计是为了区别传统意义上的服装设计而暂时使用的名称。通常所说的设计师是指传统意义上的服装设计师，而数字化设计师是利用现代计算机技术进行设计的服装设计师。

　　现代服装款式丰富多变，进行数字化服装款式设计的软件既可以使用专业软件，也可以使用非专业软件。目前用于服装款式设计的非专业软件主要有 AutoCAD、Photoshop 和 CorelDRAW 等，AutoCAD 是偏重于机械设计的专业软件，用于服装设计还存在许多不足。Photoshop 是专业图像效果处理软件，在绘图方面也存在很多不足；而使用 CorelDRAW 软件绘制服装款式图比手绘更容易表达服装的结构、比例、图案、色彩等要素，利用该软件进行服装款式设计已成为很多院校服装专业的必修课。CorelDRAW 在绘图和效果处理等方面都相对具有优势，并自带 Corel Painter 软件模块。因此本书专门研究如何使用 CorelDRAW 软件进行服装款式设计。

　　CorelDRAW 是加拿大著名软件公司 Corel 研发的图形图像设计软件，自第一版发布以来已经历时 20 多年，是目前使用最普遍的矢量图形绘制及图像处理软件之一。该软件是一款平面矢量绘图排版软件，可用于企业 VI 设计、广告设计、包装设计、画册设计、海报设计、招贴设计、UI 界面设计、网页设计、书籍装帧设计、插画设计、名片设计、Logo 设计、折页设计、宣传单和 DM 单设计、年历设计、创意字体设计、工业设计、游戏人物设计、室内平面设计、服装设计、吊旗设计、展板设计、排版、拼版、印刷等。

　　最新的版本 CorelDRAW X7 支持多核处理和 64 位系统，使得软件拥有更多的功能和稳定高效的性能。创造性矢量造型工具可以向矢量插图添加创新效果，又引入了 4 种造型工具，它们为矢量对象的优化提供了新增的创新选项。新增的涂抹工具使用户能够沿着对象轮廓进行拉长或缩进，从而为对象造型。新增的转动工具使用户能够对对象应用转动效果。而使用新增的吸引和排斥工具，可通过吸引或分隔节点对曲线造型。

本书内容

　　本书涉及的案例丰富，注重技巧的归纳和总结，语言简洁，内容通俗易懂，使读者更容易掌握 CorelDRAW 软件设计与绘制服装款式图的方法和技巧。

　　第 1 章　CorelDRAW X7 简介，主要讲解有关 CorelDRAW X7 的基础知识，如界面、菜单栏、标准工具栏、属性栏、工具箱、调色板等内容。

　　第 2 章　现代服装款式设计基础，主要讲解服装款式设计的基础知识，如人体的比例与形态、服装轮廓造型等。

　　第 3 章　服装部件和局部设计，主要讲解服装部件和局部的设计，如领子、袖子、门襟、口袋和腰头的设计与表现。

　　第 4 章　各种裙子款式的设计与表现，主要讲解各种款式裙子的设计与表现方法。

　　第 5 章　各种裤子款式的设计与表现，主要讲解各种款式裤子的设计与表现方法。

第 6 章　传统上衣和西服款式的设计与表现，主要讲解传统上衣和西服的设计与表现方法，如西装上衣、夹克、牛仔上衣等。

第 7 章　休闲套装款式设计，主要讲解各种休闲款式服装的设计方法。

第 8 章　时尚套裙款式设计，主要讲解各种时尚套裙的设计方法。

第 9 章　晚礼服裙款式设计，主要讲解各种风格晚礼服裙的设计方法。

第 10 章　妩媚性感的裙装设计，主要讲解非常女性化的裙装设计方法。

第 11 章　办公室职业装款式设计，主要讲解适合女性职场穿着的职业装设计方法。

第 12 章　时尚女风衣款式设计，主要讲解各种女式风衣的设计方法。

第 13 章　古代传统服装款式设计，主要讲解各种传统服装的设计方法。

本书特点

本书的特点在于以不同类的基本款式服装为原型，在基本款式的基础上进行变化设计，在后几个章节中选择了多种不同案例进行详细讲解，使读者在学习的过程中既能掌握软件的基础知识，又能融会贯通学会服装款式的灵活变化与设计，将款式设计的基本原理与软件操作很好地结合在一起，能得到随心所欲的应用。

读者对象和作者

本书是服装款式设计与绘制的实用型指导图书，适合各大院校服装设计专业作为教材使用，也适合初学者、想从事服装设计行业的人员作为自学手册。

本书由徐丽编著，参加编写的人员还有刘茜、徐杨、李雪梅、刘海洋、李艳严、于丽丽、李立敏、裴文贺、骆晶、方乙晴、陈朗朗、杜弯弯、王艳、李飞飞、李海英、李雅男、李之龙、王红岩、徐吉阳、于蕾、于淑娟和徐影等。由于作者编写水平有限，书中难免有疏漏和不足之处，欢迎广大同行专家和读者朋友批评指正。如果读者在学习的过程中遇到什么疑问，可以与作者进行交流。电子邮箱：Skyxuli888@sina.com。

编　者

CONTENTS 目 录

第12章　时尚女风衣款式设计

第13章　古代传统服装款式设计

第1章
CoreIDRAW X7 简介

CorelDRAW 是世界范围内使用最广泛的平面设计软件之一，使用该软件能够完成艺术设计领域的设计任务，同样可以完成服装设计的全部任务。CorelDRAW 具有界面友好、操作视图化、通用性高等优势。因此，数字化服装设计师使用该软件是明智的选择。

CorelDRAW X7 的功能十分强大，服装款式设计只会用到其中的部分功能。本章对服装款式设计经常涉及的软件界面、菜单栏、标准工具栏、属性栏、工具箱、调色板、常用对话框等进行简单的介绍。通过本章的学习，能够对 CorelDRAW X7 有基本了解，掌握常用命令和工具的使用方法，能够熟练地找到你需要的命令和工具。

1.1 CorelDRAW X7 界面

在 Windows 操作平台上按说明安装软件。安装完成后，通过执行菜单"开始 / 所有程序 /CorelDRAW Graphics Suite X7"命令或双击桌面上的快捷图标，打开 CorelDRAW X7 应用程序，如图 1-1 所示。

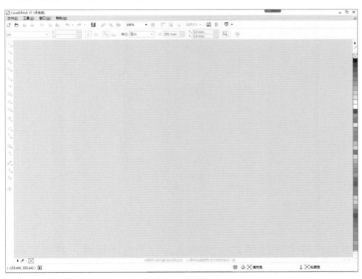

图 1-1

单击新建图标 ☞，即可打开一张新的图纸，如图 1-2 所示。

本章知识要点

- CorelDRAW X7 界面
- CorelDRAW X7 菜单栏
- CorelDRAW X7 标准工具栏
- CorelDRAW X7 属性栏
- CorelDRAW X7 工具箱
- CorelDRAW X7 调色板
- CorelDRAW X7 常用对话框
- CorelDRAW X7 的打印和输出

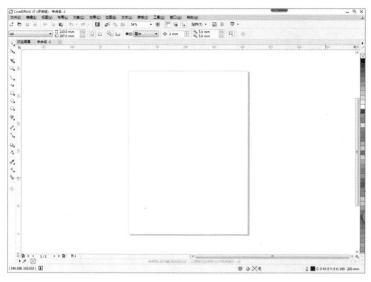

图 1-2

CorelDRAW X7 界面在默认状态下的常用项目包括标题栏、菜单栏、标准工具栏、属性栏、工具箱、调色板、图纸、工作区、原点与标尺、状态栏，如图 1-3 所示。

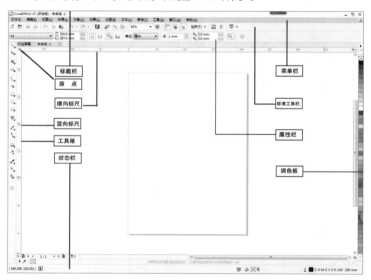

图 1-3

1. 标题栏

图 1-3 最上方的一栏是标题栏，表示现在打开的界面是 CorelDRAW X7 应用程序，并且打开了一张空白图纸，其名称为"未命名 -1"。

2. 菜单栏

图 1-3 上方第 2 行是菜单栏，包括文件、编辑、视图、布局、对象、效果、位图、文本、表格、工具、窗口、帮助等菜单，如图 1-4 所示。通过展开下拉菜单，可以找到绘图需要的大部分工具和命令。

图 1-4

3. 标准工具栏

图 1-3 上方第 3 行是标准工具栏，如图 1-5 所示。标准工具栏是一般应用程序都具有的栏目，包括新建、打开、保存、打印、剪切、复制、粘贴、撤销、重做、导入、导出、显示比例等工具。这些是我们经常用到的工具，大部分应用软件的标准工具栏都基本相同。

图 1-5

4. 属性栏

图 1-3 上方第 4 行是属性栏，如图 1-6 所示。这个属性栏是交互式的属性栏，选择不同的工具和命令时，展现的属性栏是不同的。例如，当打开一张空白图纸，什么也不选择时，该栏展示的是图纸的属性，包括图纸的大小、方向、绘图单位等属性；当绘制一个图形对象，并处于选中状态时，该栏展示的是选中对象的属性等。

图 1-6

5. 工具箱

图 1-3 左侧竖向摆放的项目是工具箱，可使其独立出来，呈横向显示，如图 1-7 所示。工具箱中的图标是绘图时常用的 16 类工具，包括选择工具、形状工具、剪切工具、缩放工具、智能填充工具、手绘工具、矩形工具、椭圆形工具、多边形工具、基本形状工具、文本工具、交互式工具、滴管工具、轮廓工具、填充工具、交互式填充工具等。如果图标右上方带有黑色三角，表示包含二级展开菜单，二级菜单中的工具是该类工具的细化工具。

图 1-7

6. 调色板

图 1-3 右侧竖向摆放的项目是调色板，也可使其独立出来，呈横向显示，如图 1-8 所示。默认状态下显示的是常用颜色，单击调色板中的滚动按钮，调色板会向左或向右滚动，以显示更多颜色。单击调色板展示按钮▼，可以展开整个调色板，以显示所有颜色。

图 1-8

7. 图纸和工作区

在图 1-3 中，程序界面中间的白色区域是工作区，工作区内有一张图纸，默认状态下按 A4 图纸的宽度和高度显示。可以通过缩放工具或常用工具栏的显示比例改变为按图纸的宽度显示，或按任意比例显示。可以显示全部图形，也可以显示部分选中的图形等。绘图就是在工作区内的图纸上进行的。

8. 原点和标尺

在图 1-3 中，紧靠工作区上侧的尺子是横向标尺，紧靠工作区左侧的尺子是竖向标尺，默认状态下是以十进制显示的，绘图单位可由属性栏来进行设置。移动鼠标时，可以看到两把标尺上各有一条虚线在移动，以显示鼠标指针所处的准确位置，便于绘图时准确定点、定位，如图 1-9 所示。

9. 状态栏

图 1-3 中最下部是状态栏。当绘制一个图形对象并选中时，该栏会显示图形对象的高度、宽度、中心位置、填充情况等当前状态数据。

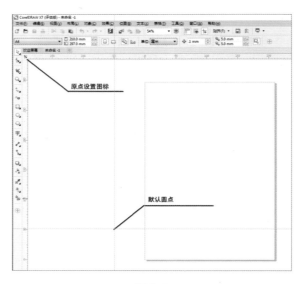

原点设置图标

默认圆点

图 1-9

🧵 1.2 CorelDRAW X7 菜单栏

CorelDRAW X7 界面上方第 2 行是菜单栏，如图 1-10 所示。菜单栏中包括文件、编辑、视图、布局、对象、效果、位图、文本、表格、工具、窗口、帮助等菜单命令。通过展开下拉菜单，可以找到绘图需要的大部分工具和命令。

✏️ 1. 文件
单击"文件"命令，即可打开一个菜单，如图 1-11 所示。

图 1-10

图 1-11

该菜单的每一个命令可以完成一项工作任务。如果命令后面带有黑三角箭头，表示还可以展开二级下拉菜单。命令后面的英文组合键是该命令的快捷键，例如，"新建"命令的快捷键是 Ctrl+N，直接按快捷键可以完成同样的工作任务。下面介绍几个常用的命令。

新建：单击该命令，可以打开一张空白图纸，建立一个新文件。在默认状态下，属性为 A4 图纸，竖向摆放，绘图单位为"毫米"，文件名称为"图形 1"。其快捷键是 Ctrl+N。

从模板新建：单击该命令，打开"模板选择"对话框，可以从中选择合适的模板建立一个新文件。该命令可以帮助用户从已有模板建立一个新文件，以便节省时间，提高工作效率。

打开：单击该命令，打开"文件选择"对话框，可以从中打开已经存在的某个文件，以便继续进行绘图工作，或对该文件进行修改等。其快捷键是 Ctrl+O。

关闭：单击该命令，可以关闭当前打开的文件。

保存：单击该命令，可以打开"文件保存"对话框，将当前文件保存在选择的目录下。其快捷键是 Ctrl+S。

另存为：单击该命令，可以打开"另存为"对话框，将当前文件保存为其他名称，或保存在其他目录下。其快捷键是 Ctrl+Shift+S。

　　导入：单击该命令，可以打开"导入"对话框，帮助用户选择某个已有的 JPEG 格式的位图文件，将其导入到当前文件中。其快捷键是 Ctrl+I。

　　导出：单击该命令，可以打开"导出"对话框，帮助用户将当前文件的全部或选中的部分图形导出为 JPEG 格式的文件，并保存在其他目录下。其快捷键是 Ctrl+E。

　　打印：单击该命令，可以打开"打印"对话框，帮助用户将当前文件打印输出。其快捷键是 Ctrl+P。

　　打印预览：单击该命令，可以打开"打印预览"对话框，帮助用户设置打印文件的准确性，以便能够正确地打印输出。

　　打印设置：单击该命令，可以打开"打印设置"对话框，帮助用户进行打印属性的设置，包括图纸大小、图纸方向、打印位置、分辨率等，以便按照自己的意愿进行打印输出。

　　退出：单击该命令，可以退出 CorelDRAW X7 应用程序。

　　🖊 **2. 编辑**

　　单击"编辑"命令，即可打开一个菜单，如图 1-12 所示。下面介绍几个常用命令。

　　撤销创建：单击该命令，可以将此前做过的一步操作撤销。连续单击可以撤销此前的若干步操作，方便对错误的操作性进行纠正。其快捷键是 Ctrl+Z。

　　重做：单击该命令，可以恢复此前撤销的一步操作内容。连续单击可以恢复若干步操作。其快捷键是 Ctrl+Shift+Z。

　　重复：单击该命令，可以对选中的某个对象重复此前的操作。如对"图形 1"填充了一种红色，选择"矩形 2"，单击"重复"命令，"矩形 2"可以填充同样的红色，依此类推。其快捷键是 Ctrl+R。

　　剪切：单击该命令，可以将选中的对象从当前文件中剪切并存放在剪贴板上。其快捷键是 Ctrl+X。

　　复制：单击该命令，可以将选中的对象从当前文件中复制并存放在剪贴板上。其快捷键是 Ctrl+C。

　　粘贴：单击该命令，可以通过剪切或复制将存放在剪贴板上的对象贴入当前文件中。其快捷键是 Ctrl+V。

　　删除：单击该命令，可以将选中的对象从当前文件中删除。按 Delete 键也可直接删除。

　　再制：单击该命令，可以对选中的对象从当前文件中进行一次再制，即增加一个相同的对象。多次单击可以增加多个相同的对象。其快捷键是 Ctrl+D。

　　全选：单击该命令，可以将当前文件中的所有对象全部选中，以便同时进行下一步操作。

　　🖊 **3. 视图**

　　单击"视图"命令，即可打开一个菜单，如图 1-13 所示。下面介绍几个常用的命令。

图 1-12　　　　　　　　　　　　　图 1-13

　　线框：单击该命令，名称前面显示一个小圆球，表示当前文件的显示状态处于线框状态。文件中所有已经填充的对象将以线框的状态显示，不再显示填充内容。

普通：单击该命令，名称前面显示一个小圆球，表示当前文件的显示状态处于普通状态。文件中所有对象都以原有正常状态显示。一般情况下都是在这种状态下进行绘图操作的。

全屏预览：单击该命令，计算机屏幕只显示白色工作区域。任意单击鼠标或按任意键，即可取消全屏预览，恢复正常显示状态。其快捷键是 F9。

标尺：单击该命令，名称前面显示一个"√"，表示该命令处于工作状态。这时界面上显示横向标尺、竖向标尺和原点设置按键。再次单击该命令，命令名称前面的"√"消失，表示该命令处于非工作状态，界面上不显示标尺和原点设置按钮，一般情况下标尺处于工作状态。

网格：单击该命令，名称前面显示一个"√"，表示该命令处于工作状态。界面工作区显示虚线网络，便于绘图时的定位操作。网格的大小和密度是可以设置的。再次单击该命令，命令名称前面的"√"消失，表示该命令处于非工作状态，网格消失。一般情况下网格处于非工作状态。

辅助线：单击该命令，名称前面显示一个"√"，表示该命令处于工作状态。可以将鼠标放在标尺上，从横向标尺拖出一条水平辅助线，从竖向标尺拖出一条垂直辅助线。再次单击该命令，命令名称前面的"√"消失，表示该命令处于非工作状态，辅助线消失，并且不能拖出辅助线。一般情况下辅助线处于工作状态。

单击"贴齐"命令，在弹出的二级菜单中还包括如下命令。

网格：单击该命令，名称前面显示一个"√"，表示该命令处于工作状态。不论网格显示与否，当移动一个对象时，该对象会自动对齐网格线，便于按网格线对齐多个图形对象。再次单击该命令，命令名称前面的"√"消失，表示该命令处于非工作状态，上述功能不再起作用。

辅助线：单击该命令，名称前面显示一个"√"，表示该命令处于工作状态。当移动一个对象时，该对象会自动对齐辅助线，便于按辅助线对齐多个图形对象。再次单击该命令，命令名称前面的"√"消失，表示该命令处于非工作状态，上述功能不再起作用。

对象：单击该命令，名称前面显示一个"√"，表示该命令处于工作状态。当移动一个对象时，该对象会自动对齐另一个对象，便于将多个对象紧密对齐。再次单击该命令，命令名称前面的"√"消失，表示该命令处于非工作状态，上述功能不再起作用。

辅助线设置：单击该命令，打开"辅助线设置"对话框。通过该对话框，可以按绘图需要，准确添加若干水平和垂直辅助线，帮助我们进行服装制图，就像传统服装制图绘制辅助线一样。对于不需要的辅助线，可以逐条删除，也可以分别删除所有水平或垂直辅助线。这些设置只有在"对齐辅助线"命令处于工作状态时才起作用。

◆ 4. 布局

单击"布局"命令，即可打开一个菜单，如图 1-14 所示。下面介绍几个常用命令。

该菜单中的每一个命令可以完成一项工作任务。如果命令后面带有"…"，表示可以打开一个对话框。紧接命令括号内的英文字母是快捷键，直接按标有该英文字母的按键，也可以完成相同的工作任务，依此类推。

插入页面：单击该命令，打开"插入页面"对话框，通过该对话框，可以对插入页面的数量、方向、前后位置、页面规格等进行设置，确定后即可插入新的页面。

删除页面：单击该命令，打开"删除页面"对话框，通过该对话框，可以有选择地删除某个页面或删除某些页面。

切换页面方向：单击该命令，可以在横向页面和竖向页面之间进行切换。

页面设置：单击该命令，打开"页面设置"对话框，通过该对话框，可以对当前页面的规格大小、方向、版面等项目进行设置。

页面背景：单击该命令，打开"页面背景"对话框，通过该对话框，可以对当前页面进行无背景、各种底色背景、各种位图背景等设置。

5. 对象

单击"对象"命令，即可打开一个菜单，如图 1-15 所示。下面介绍几个常用命令。

变换：单击该命令，可以展开一个二级菜单，如图 1-16 所示。

二级菜单中包括位置、旋转、缩放和镜像、大小和倾斜 5 个命令，单击某个命令，可以打开一个对话框，如图 1-17 所示，这些命令都包含在这个对话框中。通过该对话框，可以对已经选中的图形对象进行位置、旋转、缩放和镜像、大小、倾斜等属性的变换。而单击"清除变换"命令，可以清除已经进行的变换。

图 1-14

图 1-15

图 1-16

图 1-17

对齐和分布：单击该命令，可以展开一个二级菜单，如图 1-18 所示。通过二级菜单中的命令，可以将选中的一个或一组对象进行菜单中的各种对齐操作，便于快速将选中的对象或对象组按要求对齐，提高工作效率。

顺序：单击该命令，可以展开一个二级菜单，如图 1-19 所示。通过二级菜单中的命令，可以将选中的一个或一组对象进行前后位置的设置操作，以满足绘图的需要。

合并：单击该命令，可以将选中的两个或两个以上的对象合并为一个对象，同时该对象变为曲线，可以对其进行造型编辑。其快捷键是 Ctrl+L。

组合：单击该命令，在下拉菜单中选择"组合对象"命令，可以将选中的两个及两个以上的对象组合为一组对象，便于同时移动、填充等操作。其快捷键是 Ctrl+G。在其二级菜单中还包括如下命令。

取消组合：单击该命令，可以将选中的一组对象的组合取消，变为单个对象。其快捷键是 Ctrl+U。

取消全部组合：单击该命令，可以将当前文件中的所有组合全部取消。

锁定：单击该命令，在下拉菜单中选择"锁定对象"命令，可以将选中的一个或多个对象锁定，锁定后的对象不能进行任何编辑操作，便于对已经完成的一个对象或部分对象进行临时保护。在其二级菜单中还包括如下命令。

解锁对象：单击该命令，可以取消选中的已锁定对象的锁定属性，又可以对其进行编辑操作了。

对所有对象解锁：单击该命令，可以将当前文件中的所有锁定对象解除锁定，然后才可以对所有对象进行编辑操作。

造型：单击该命令，可以展开一个二级菜单，如图 1-20 所示。通过二级菜单中的命令，可以对选中的对象进行合并、修剪、相交等操作。

转换为曲线：单击该命令，可以将使用矩形、椭圆等工具直接绘制的图形转换为曲线图形，然后就可以对其进行造型编辑了。

6. 效果

单击"效果"命令，即可打开一个菜单，如图 1-21 所示。该菜单中的每一个命令可以完成一项工作任务。后面带有黑三角箭头的命令表示还有可以展开的二级菜单。下面介绍常用的命令。

图 1-18

图 1-19

图 1-20

调整：单击该命令，可以打开一个二级菜单，如图 1-22 所示。当选中的图形对象是 CorelDRAW 图形时，二级菜单中只有 4 项是高亮显示的，表示可以对图形对象进行"亮度 / 对比度 / 强度"、"颜色平衡"、"色度 / 饱和度 / 光度"等操作。将图形对象转换为位图格式后，其他灰色显示的项目变为高亮显示，表示可以对其项目进行操作。

艺术笔：单击该命令，可以打开一个对话框，如图 1-23 所示。通过对话框中的选项，可以选择不同的艺术笔触，进行预设毛笔、笔刷、笔触、对象喷灌等项操作，获得更生动、逼真的预设效果。

图 1-21

图 1-22

图 1-23

轮廓图：单击该命令，可以打开一个对话框，如图 1-24 所示。通过对话框中的选项，可以为一个或一组对象添加轮廓，并且可以控制向内、向外和向中心添加，还可以控制添加轮廓的距离和数量。该命令还可以在工具箱的交互式工具中找到。

透镜：单击该命令，可以打开一个对话框，如图 1-25 所示。通过其中的命令，可以对一个已经填充色彩的对象进行透明度的设置。当透明度为 100% 时，对象是全透明的，即等同于无填充。当透明度为 0% 时，即为不透明，完全看不见下面的对象；当透明度处于 0% ～ 100% 之间时，随着数值的变化，透明度将发生不同的变化。

7. 位图

单击"位图"命令，即可打开一个菜单，如图 1-26 所示。下面介绍常用的命令。

转换为位图：单击该命令，可以打开一个对话框。通过该对话框可以设置位图的颜色模式、分辨率等，将一幅 CorelDRAW 图形转换为位图。只有 CorelDRAW 图形转换为位图后，"位图"菜单下的功能才能起作用。

三维效果：单击该命令，可以打开一个二级菜单，如图 1-27 所示。通过二级菜单中的命令，可以对一个位图施加三维旋转、柱面、浮雕、卷页、透视、挤远 / 挤近、球面等效果。

图 1-24

图 1-25

图 1-26

图 1-27

艺术笔触：单击该命令，可以打开一个二级菜单，如图 1-28 所示。通过二级菜单中的命令，可以将一个位图对象改变为多种不同的艺术笔触，从而获得不同的艺术效果。

模糊：单击该命令，可以打开一个二级菜单，如图 1-29 所示。通过二级菜单中的命令，可以对一个位图对象进行不同的模糊处理，以获得不同的艺术效果。

创造性：单击该命令，可以打开一个二级菜单，如图 1-30 所示。通过二级菜单中的命令，可以对一个位图对象进行图 1-30 中的各项操作，创造各种不同的肌理，获得不同的效果。

扭曲：单击该命令，可以打开一个二级菜单，如图 1-31 所示。通过二级菜单中的命令，可以对一个位图对象进行图 1-31 中的各项操作，获得不同的扭典效果。

杂点：单击该命令，可以打开一个二级菜单，如图 1-32 所示。通过二级菜单中的命令，可以对一个位图添加不同的颜色杂点，获得不同的添加杂点效果。

图 1-28

图 1-29

图 1-30

图 1-31

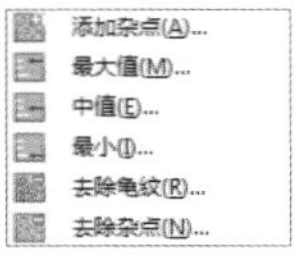

图 1-32

8. 文本

单击"文本"命令，可以打开一个菜单，如图 1-33 所示。下面介绍常用的命令。

文本属性：单击该命令，可以打开一个对话框，如图 1-34 所示。通过该对话框，可以对文本的字体、大小、效果等属性进行设置。

段落文本框：单击该命令，可以打开一个对话框，如图 1-35 所示。通过该对话框，可以对现有的文本段落进行编辑，以达到要求。

编辑文本：单击该命令，可以打开一个对话框，如图 1-36 所示。通过该对话框，可以对输入的文本或已有文本进行编辑，以达到要求。

插入字符：单击该命令，可以打开一个对话框，如图 1-37 所示。通过该对话框，可以将合适的字符、符号、图形插入当前文件中，以提高工作效率。

图 1-33   图 1-34   图 1-35

使文本适合路径：单击该命令，可以将一组或一个文本字符按确定的路径排列，如图 1-38 所示。

图 1-36   图 1-37   图 1-38

9. 表格

单击"表格"命令，即可打开一个菜单，如图 1-39 所示。

创建新表格：单击该命令，即可打开一个对话框，如图 1-40 所示。

将文本转换为表格：单击该命令，即可打开一个对话框，如图 1-41 所示。

图 1-39   图 1-40   图 1-41

将表格转换为文本：单击该命令，即可打开一个对话框，如图 1-42 所示。

10. 工具

单击"工具"命令，即可打开一个菜单，如图 1-43 所示。下面介绍图中的几个常用命令。

选项：单击该命令，可以打开一个对话框，如图 1-44 所示。通过该对话框，可以对其中所有项目属性重新进行默认设置，以便符合自己的使用要求。

图 1-42　　　　　图 1-43　　　　　　　　　图 1-44

自定义：单击该命令，可以打开一个对话框，如图 1-45 所示。

图 1-45

通过该对话框中的"自定义"选项，可以对其中的项目设置根据自己的要求做出某些改变。该对话框与前一个对话框实际上是同样的，其作用也是类似的。

11. 窗口

单击"窗口"命令，即可打开一个菜单，如图 1-46 所示。

工作区：单击该命令，即可打开一个菜单，如图 1-47 所示。

泊坞窗：单击该命令，即可打开一个菜单，如图 1-48 所示。

工具栏：单击该命令，即可打开一个菜单，如图 1-49 所示。

调色板：单击该命令，即可打开一个菜单，如图 1-50 所示。

12. 帮助

单击"帮助"菜单下的命令，可以打开 CorelDRAW X7 软件的使用权说明或教程，可以帮助用户学习、了解 CorelDRAW X7 的使用方法，解决使用过程中的疑问和困难。

图 1-46　　　　　　　　　图 1-47　　　　　　　　　图 1-48

图 1-49　　　　　　　　　　　　　　图 1-50

1.3　CorelDRAW X7 标准工具栏

程序界面上方第 3 排是标准工具栏，如图 1-51 所示。

图 1-51

标准工具栏中的许多工具在菜单栏的项目下也可以找到，软件设计者为了方便用户使用，将其放在了标准工具栏中，这样可直接使用。常用工具和选项为：新建、打开、保存、打印、剪切、复制、粘贴、撤销、重做、导入、导出、应用程序启动器、CorelDRAW X7 Web 连接器、缩放级别。下面按标准工具栏的顺序介绍如下。

新建：单击图标 ，可以打开一张空白图纸，创建一个新文件。默认状态下，其属性为 A4 图纸，竖向摆放，绘图单位为"毫米"，文件名称为"图形 1"。

打开：单击图标 ，可以打开"文件选择"对话框，从中可以打开已经存在的某个文件，以便继续绘图工作，或对该文件进行修改等。

保存：单击图标 ，可以打开"文件保存"对话框，将当前文件保存到选定的目录下。

打印：单击图标 ，可以打开"打印"对话框，帮助用户将当前文件打印输出。

剪切：单击图标 ，可以将选中的对象从当前文件中剪切下来，并存放在剪贴板上。

复制：单击图标 ，可以将选中的对象从当前文件中复制下来，并存放在剪贴板上。

粘贴：单击图标 ，可以将通过剪切和复制而存放在剪贴板上的对象贴入当前文件中。

撤销：单击图标 ，可以将此前做过的一步操作撤销，连续单击可以撤销此前的若干步操作，以便对错误的操作进行纠正。"命令"菜单中将显示要撤销的操作内容。

重做：单击图标 ↶，可以恢复此前撤销的一步操作内容，连续单击可以恢复若干步操作。

导入：单击图标 ↗，可以打开"导入"对话框，帮助用户选择某个已有的 JPEG 格式的位图文件，将其导入到当前文件中。·

导出：单击图标 ↖，可以打开"导出"对话框，帮助用户将当前文件的全部或选中的部分图形导出为 JPEG 格式的文件，并保存在其他目录下。

应用程序启动器：单击图标 💷· 的下拉按钮，可以打开一个下拉菜单，如图 1-52 所示。该菜单中包括一些与 CorelDRAW X7 相关的应用程序，包括条码向导、屏幕捕获编辑器、PHOTO-PAINT、电影动画编辑器、位图描摹等。由于这些应用程序很少使用，这里不再详细介绍，只是了解即可。

CorelDRAW X7 Web 连接器：单击图标 💻，可以打开一个对话框，通过该对话框，可以链接与 CorelDRAW X7 相关的网站，以便了解更多内容，不过这些网站多是英文网站。

缩放级别：单击图标 100% ▾ 的下拉按钮，可以打开一个下拉菜单，如图 1-53 所示。通过该菜单，可以选择不同的缩放比例，以方便绘图操作或查看图形。

图 1-52

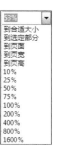

图 1-53

1.4　CorelDRAW X7 属性栏

程序界面上方第 4 排是属性栏。该属性栏是与各种工具的使用权和操作相联系的，选择一个工具，进行一项操作，即显示一个相应的属性栏。通过属性栏可以对选中的对象进行属性设置和操作。选择不同的对象进行不同的操作，其属性栏的形式是不同的，可设置的属性也是不同的。因此属性栏的数量和形式是多种多样的。现将常用的属性栏介绍如下。

1. 选择工具属性栏

图纸属性与设置：单击选择图标 ⬚，不选择任何对象时，该属性栏显示的是当前图纸的属性，并可以通过属性栏对图纸的规格、宽度、方向、绘图单位、再制偏移、对齐网格、对齐辅助线、对齐对象等属性进行设置，如图 1-54 所示。

图 1-54

选中一个对象时的属性与设置：当选择一个图形对象时，该属性栏显示的是该对象的属性，并可以对该对象的位置、大小、比例、角度、翻转、图形边角的圆滑度、轮廓宽度、到前面、到后面、转换曲线等属性进行设置，如图 1-55 所示。

图 1-55

选中两个或多个对象时的属性与设置：当选中两个或多个对象时，该属性栏显示的是已选中的所有对象的共同属性，并可以进行位置、大小、比例、旋转、镜像、翻转等项的设置，还可以进行结合、组合、焊接、修剪、相交、简化、对齐等操作，如图 1-56 所示。

图 1-56

选中两个或多个对象并结合时的属性与设置：当选中两个或多个对象并结合时，该属性栏显示的是该结合对象的属性，并可以进行位置、大小、比例、旋转、镜像、翻转、拆分、线形、轮廓宽度等项的设置和操作，如图 1-57 所示。

图 1-57

2. 造型工具属性栏

形状工具属性栏：当选择形状工具时，显示的是形状工具属性栏，如图 1-58 所示。通过该属性栏，可以对一个曲线图形对象进行增加节点、减少节点、连接两个节点、断开曲线、曲线变直线、直线变曲线、节点属性设置、节点连接方式设置等操作。

图 1-58

涂抹工具属性栏：当选择涂抹工具时，显示的是涂抹工具属性栏，如图 1-59 所示。通过该属性栏，可以进行涂抹工具的大小、角度等的设置和操作。

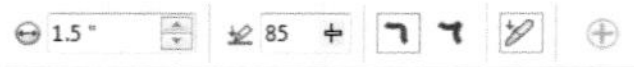

图 1-59

粗糙笔刷工具属性栏：当选择粗糙笔刷工具时，显示的是粗糙笔刷属性栏，如图 1-60 所示。通过该属性栏，可以进行笔刷的大小、刷毛的密度（频率）、角度、自动、固定等的设置和操作。

图 1-60

刻刀工具属性栏：当选择刻刀工具时，显示的是刻刀工具属性栏，如图 1-61 所示。通过该属性栏，可以对一个图形对象进行任意形式的切割，并且可以设置切割形式。

图 1-61

擦除工具属性栏：当选择擦除工具时，显示的是擦除工具属性栏，如图 1-62 所示。通过该属性栏，可以设置擦除工具的厚度、形状等。

图 1-62

3. 缩放工具属性栏

当选择缩放工具时，显示的是缩放工具属性栏，如图 1-63 所示。通过该属性栏，可以进行现有比例的设置，也可以选择放大、缩小选项，进行自由缩放。还可以选择显示所有图形、显示整张图纸、按图纸宽度显示、按图纸高度显示等。

图 1-63

◇ 4. 手绘工具属性栏

手绘工具属性栏：当选择手绘工具时，显示的是手绘工具属性栏，如图 1-64 所示。通过该属性栏，可以对一个手绘图形对象进行位置、大小、比例、旋转、镜像、翻转、拆分、线形、轮廓宽度等项的设置和操作。

图 1-64

贝塞尔工具属性栏：当选择贝塞尔工具时，显示的是贝塞尔工具属性栏，如图 1-65 所示。通过该属性栏，可以将一条未封闭曲线连接为封闭曲线，可以同时选中所有节点等。

图 1-65

艺术笔工具属性栏：当选择艺术笔工具时，显示的是艺术笔工具属性栏，如图 1-66 所示。通过该属性栏，可以选择预设笔触、画笔笔触、喷灌、书法笔触、压笔笔触，也可以设置笔触的平滑度、宽度等。

图 1-66

钢笔工具属性栏：当选择钢笔工具时，显示的是钢笔工具属性栏，如图 1-67 所示。通过该属性栏，可以进行位置、大小、比例、旋转、镜像、翻转、拆分、线形、轮廓宽度等项的设置和操作。

图 1-67

度量工具属性栏：当选择度量工具时，显示的是度量工具属性栏，如图 1-68 所示。通过该属性栏，可以对图形的数据标注进行多项设置，包括自动度量、垂直标注、水平标注、斜向标注、标注工具、角度标注、数据制式、数据精确度、数据单位、标注文本位置等。

图 1-68

◇ 5. 矩形、椭圆、基本形状属性栏

当选择矩形工具、椭圆形工具、多边形工具、基本形状工具时，分别显示不同的属性栏，它们的形式基本相同，如图 1-69 至图 1-72 所示。

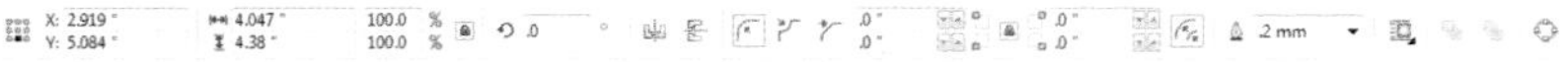

图 1-69

图 1-70

图 1-71

图 1-72

通过属性栏，都可以进行位置、大小、比例、旋转、镜像、翻转、线形、轮廓宽度、到前面、到后面等项的设置和操作。此外，椭圆形工具属性栏还具有椭圆、饼形、弧形选项，基本形状工具属性栏具有形状类型选择菜单，通过菜单可以选择不同的基本形状。

6. 文字工具属性栏

当选择文字工具时，显示的是文字工具属性栏，如图 1-73 所示。通过该属性栏，可以对文字进行字体、大小、格式、排列方向等设置，还可以进行文字编辑。

图 1-73

7. 交互式工具属性栏

交互式调和工具属性栏：当选择调和工具时，显示的是交互式调和工具属性栏，如图 1-74 所示。通过该属性栏，可以对两个图形对象之间的形状渐变调和、色彩渐变调和进行设置，包括图形位置、图形大小、渐变数量、渐变角度等。

图 1-74

交互式轮廓工具属性栏：当选择轮廓工具时，显示的是交互式轮廓工具属性栏，如图 1-75 所示。通过该属性栏，可以在一个图形外自动添加轮廓，并可以进行图形位置、图形大小、轮廓位置、轮廓数量、轮廓间距、轮廓颜色、填充颜色等项设置。

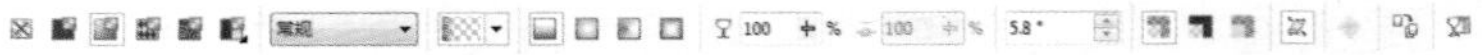

图 1-75

交互式阴影工具属性栏：当选择阴影工具时，显示的是交互式阴影工具属性栏，如图 1-76 所示。通过该属性栏，可以对图形的阴影进行设置，包括阴影角度、阴影透明度、阴影羽化、阴影羽化方向、阴影颜色等。

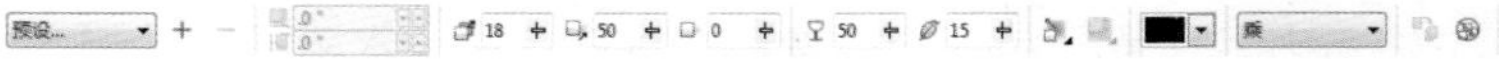

图 1-76

交互式透明工具属性栏：当选择透明工具时，显示的是交互式透明工具属性栏，如图 1-77 所示。通过该属性栏，可以对图形进行透明属性设置，包括透明度类型、透明度操作、透明度中心、透明度边衬、透明度应用选择等。

图 1-77

1.5 CorelDRAW X7 工具箱

工具箱在默认状态下位于程序界面的左侧，并竖向摆放。它是以活动窗口的形式显示的，因此其位置、方向可以通过拖动鼠标来改变。CorelDRAW X7 的工具箱涵盖了绘图、造型的大部分工具，如图 1-78 所示。

如果图标右下方带有黑色标记，表示本类工具还包含其他工具。按住图标不放，会打开一个工具条，显示更多的工具，如图 1-79 所示。

在这些工具中，有些是很少使用或使用不到的，因此这里着重介绍服装设计中经常使用的工具。下面按照工具箱的顺序进行介绍。

1. 选择工具

"选择工具" 是一个基本工具，它具有如下多种功能。

- 选择不同的功能按钮，打开菜单等。
- 通过单击一个对象将其选中，选中后的对象四周出现 4 个黑色小方块。
- 按下鼠标并拖动会显示一个虚线方框，虚线方框包围的所有对象同时被选中。
- 在选中状态下拖动对象，可以移动该对象。
- 在选中状态下再次单击对象，对象四周会出现 8 个双箭头，并且中心出现一个圆心圆，表示该对象处于可旋转状态。在 4 个角的某个双箭头上拖动光标，即可转动该对象。
- 在选中状态下再单击某个颜色，可以为对象填充该颜色。
- 在选中状态下再右键单击某个颜色，可以将对象轮廓颜色改变为该颜色。

2. 形状工具

该类工具包括形状工具、平滑工具、涂抹工具、转动工具和吸引工具等。其中使用较多的工具是形状工具和粗糙工具，如图 1-80 所示。

图 1-78　　　　　　　　　　图 1-79　　　　　　　　　　图 1-80

形状工具 ：该工具是绘图造型的主要工具之一。利用该工具可以增减节点、移动节点，可以将直线变为曲线、曲线变为直线，还可以对曲线进行形状改造等。

涂抹工具 ：该工具可以对曲线图形进行不同色彩之间的穿插涂抹，以实现特殊的造型效果。

粗糙工具 ：该工具对服装设计作用较大，利用该工具可以对图形边缘进行毛边处理，实现特定服装材料的质感效果。

3. 裁剪工具

该类工具包括裁剪工具、刻刀工具、虚拟段删除工具和橡皮擦工具。其中使用较多的工具是刻刀工具和橡皮擦工具，如图 1-81 所示。

刻刀工具 ：利用该工具可以将现有图形进行任意切割，实现对图形的绘制和改造。

橡皮擦工具 ：利用该工具可以擦除图形的轮廓和填充，实现快速造型的目的。

4. 缩放工具

该类工具包括缩放和平移工具，如图 1-82 所示。

缩放工具 ：该工具是绘图过程中经常使用的工具之一。利用该工具可以对图纸（包括图形）进行多种缩放变换，使用户在绘图过程中能够随时观看全图、部分图形和局部放大，方便进行图形的精确绘制和对全图的把握。

手形工具 ：利用该工具可以自由移动图纸，使我们可以观看图纸的任意部位。

5. 手绘工具

该类工具包括 2 点线工具、手绘工具、贝塞尔工具、钢笔工具、B 样条工具、折线工具、3 点曲线工具、智能绘图工具等，如图 1-83 所示。其中手绘工具、钢笔工具是服装设计使用较多的工具。

图 1-81   图 1-82   图 1-83

手绘工具 ：该工具是绘图过程中最基本的画线工具，是使用较多的工具之一。利用该工具可以绘制单段直线、连续曲线、连续直线、封闭图形等。

贝塞尔工具 ：利用该工具可以绘制连续自由曲线，并且在绘制曲线的过程中可以随时控制曲率变化。

钢笔工具 ：利用该工具可以进行连续直线、曲线的绘制和图形绘制。该类工具是关于轮廓的宽度、颜色的一系列工具，包括轮廓画笔对话框、轮廓颜色对话框、无轮廓和轮廓从最细到最粗的系列工具。

折线工具 ：利用该工具可以快速绘制连续直线和图形。

3 点曲线工具 ：利用该工具可以绘制已知三点的曲线，如领口曲线、裆部曲线。

6. 矩形工具

该类工具包括矩形工具和 3 点矩形工具，如图 1-84 所示。

矩形工具 ：该工具是服装制图的常用工具。利用该工具可以绘制垂直放置的一般长方形，按住 Ctrl 键可以绘制正方形。

3 点矩形工具 ：利用该工具可以绘制任意方向的长方形，按住 Ctrl 键可以绘制任意方向的正方形。

7. 椭圆形工具

该类工具包括椭圆形工具和 3 点椭圆形工具，如图 1-85 所示。

椭圆形工具 ：该工具是服装制图的常用工具。利用该工具可以绘制垂直放置的一般椭圆，按住 Ctrl 键可以绘制圆。

3 点椭圆形工具 ：利用该工具可以绘制任意方向的椭圆，按住 Ctrl 键可以绘制任意方向的圆。

8. 多边形工具

该类工具包括图纸工具、多边形工具和螺纹工具等，如图 1-86 所示。

图 1-84   图 1-85   图 1-86

多边形工具 ：利用该工具可以绘制任意多边形和多边星形，其边的数量可以通过属性栏进行设置。

图纸工具 ：利用该工具可以绘制图纸的方格，形成任意单元表格，其行和列可以通过属性栏进行设置。

螺纹工具 ：利用该工具可以绘制任意的螺旋形状，螺旋的密度、展开方式可以通过属性栏进行设置。

9. 基本形状工具

该类工具包括基本形状、箭头形状、流程图形状、标题形状和标注形状等，如图 1-87 所示。

基本形状 ：通过属性栏的形状选择菜单，可以选择绘制不同的形状，如图 1-88 所示。

箭头形状 图：通过属性栏的形状选择菜单，可以选择绘制不同形状的箭头，如图 1-89 所示。

| 图 1-87 | 图 1-88 | 图 1-89 |

流程图形状 图：通过属性栏的形状选择菜单，可以选择绘制不同形状的流程图，如图 1-90 所示。

标题形状 图：通过属性栏的形状选择菜单，可以选择绘制不同形状的标题，如图 1-91 所示。

标注形状 图：通过属性栏的形状选择菜单，可以选择绘制不同形状的标注，如图 1-92 所示。

| 图 1-90 | 图 1-91 | 图 1-92 |

10. 文本工具

选择"文本工具" 图 之后在工作区中单击鼠标左键，然后输入文字，即可生成美术字。选择该工具之后，用鼠标在工作区内绘制文本框，然后进行输入，可以生成段落文本。在服装设计中利用该工具可以进行中文、英文和数字的输入。

11. 平行度量工具

该类工具包括平行度量工具、水平或垂直度量工具、角度量工具、线段度量工具，如图 1-93 所示。

平行度量工具 图：绘制倾斜度量线。

水平或垂直度量工具 图：绘制水平或垂直度量线。

角度量工具 图：绘制角度量线。

线段度量工具 图：显示单条或多条线段上结束节点间的距离。

12. 直线连接工具

该类工具包括直线连接器工具、直角连接器工具、圆直角连接符工具、编辑锚点工具，如图 1-94 所示。

直线连接器工具 图：在两个对象之间画一条直线连接两者。

直角连接器工具 图：画一个直角连接两个对象。

圆直角连接符工具 图：画一个角为圆形的直角连接两个对象。

编辑锚点工具 图：修改对象的连线描点。

13. 调和工具

该类工具包括阴影工具、轮廓图工具、调和工具、变形工具、封套工具、立体化工具，如图 1-95 所示。

阴影工具 图：利用该工具可以对任何图形添加阴影，加强图形的立体感，使效果更加逼真，产生各种类型的阴影效果。

| 图 1-93 | 图 1-94 | 图 1-95 |

轮廓图工具 图：利用该工具可以方便地对服装衣片添加缝份，可以向内或向外创建对象的多条轮廓线。

调和工具 图：利用该工具可以在任意两种色彩之间进行任意层次的渐变调和，以获得需要的色彩。可以在任意两个形状之间进行任意层次的渐变处理，尤其在进行服装推板操作时异常方便。

变形工具 🖼：为对象应用推拉变形、拉链变形或扭曲变形。

封套工具 🖼：拖动封套上的节点使对象变形。

立体化工具 🖼：为对象添加产生细腻变化的阴影，制作三维立体效果。

🖊 14. 透明度工具

该类工具只包括一个"交互式透明工具"🖼，利用该工具可以对已有填色图形进行透明渐变处理，以便获得更加漂亮的效果。改变对象填充颜色的透明度，可创建独特的视觉效果。

🖊 15. 颜色滴管工具

该类工具包括颜色滴管工具、属性滴管工具，如图 1-96 所示。

颜色滴管工具 🖊：对颜色进行取样，并将其应用到对象上。

属性滴管工具 🖊：复制对象属性，如填充、轮廓、大小和效果，并将其应用到其他对象。

🖊 16. 填充工具

该类工具包括无填充、均匀填充、渐变填充、向量图样填充、位图图样填充、双色图样填充 6 种工具，如图 1-97 所示。

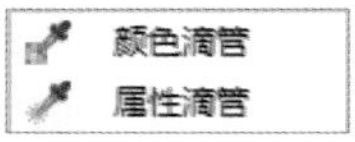

图 1-96

图 1-97

无填充 ⊠：通过单击该工具可以删除任何图形的已有填充。

均匀填充 ■：单击该图标，通过该工具可以调整色彩并进行填充。

渐变填充 ■：单击该图标，通过该工具可以进行不同类型的渐变填充，包括线性渐变填充、射线渐变填充、圆锥渐变填充、方角渐变填充等。

向量图样填充 ▦：单击该图标，通过该工具可以进行图样填充，还可以装入已有服装材料的图样，并且可以对图样进行位置、角度、大小等项目的设置。

位图图样填充 🖼：单击该图标，通过该工具可以选择多种不同形式的底纹，并可以对底纹进行多种项目的设置，以实现设计效果。

双色图样填充 ◨：单击该图标，通过该工具可以选择两种不同形式的图案，并可以对图案进行多种设置，以达到理想的图案效果。

🧵 1.6　CorelDRAW X7 调色板

🖊 1. 调色板的选择

程序界面右侧是调色板，默认状态下显示的是"CMYK 调色板"。通过执行菜单"窗口 / 调色板"命令，可以打开一个二级菜单，如图 1-98 所示。

通过该二级菜单可以选择"默认调色板"、"默认 CMYK 调色板"、"默认 RGB 调色板"等，这时界面上会出现 3 个调色板，最下面是 RGB 调色板，如图 1-99 所示（为了排版方便，这里将调色板横向放置）。

一般选用"默认 CMYK 调色板"，将图 1-98 中其他调色板前面的"√"取消，关闭其他调色板。

🖊 2. 调色板的使用

颜色名称：调色板中提供了许多常用的颜色，这些颜色都是有名称的，通过如下操作，即可浏览所有颜色的名称。

单击调色板上方的图标 ▸，可以打开一个菜单，如图 1-100 所示。

图 1-98

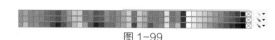

图 1-99

单击"显示颜色名"命令，可以打开一个对话框，如图 1-101 所示。通过滚动按钮，可以浏览各种颜色的名称。

图 1-100

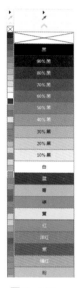

图 1-101

填充颜色：当利用工具箱中的任何一种绘图工具（手绘工具、矩形工具、椭圆形工具、基本形状工具）绘制一个封闭图形时，在选中该图形的状态下，单击调色板中的某种颜色，该图形即可填充该颜色。

改变填充：如果对已经填充的颜色不满意，在选中图形的状态下，单击调色板中的另一种颜色，该图形即可改变颜色。

取消填充：如果想取消一个图形的填充，单击调色板上部的取消填充图标⊠，即可取消该图形的填充。

1.7　CorelDRAW X7 常用对话框

CorelDRAW X7 提供了许多非常有用的对话框，帮助用户进行绘图操作。下面介绍与数字化服装设计关系密切的部分对话框，如辅助线设置对话框、对象属性对话框、变换对话框、造型对话框等。

1. 辅助线设置对话框

执行菜单"视图 / 辅助线 / 辅助线设置"命令，如图 1-102 所示。弹出"辅助线"设置对话框，可以对"水平"、"垂直"、"导线"等项目进行设置。在左侧项目名称下方的数值栏中输入需要的数值，即可添加一条辅助线，如图 1-103 所示。

2. 对象属性对话框

执行菜单"编辑 / 属性"命令，可以打开"对象属性"对话框，如图 1-104 所示。该对话框中包括填充、轮廓等项目。单击对话框中的填充图标 ，可以展开相应的设置选项，如图 1-105 所示。其中包括均匀填充、渐变填充、向量图样填充、位图图样填充和双色图样填充等，现在分别介绍如下。

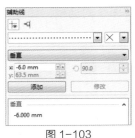

图 1-102

图 1-103

图 1-104

均匀填充：单击"均匀填充"按钮，可以打开一个对话框。使用颜色滴管选择合适的颜色，可以将该颜色填充到选中的图形中。

在该对话框中，可以选择色彩模式和设置任意颜色，以满足设计需要。同时还可以准确给出选定颜色的基本色调和比例。

渐变填充：单击"渐变填充"按钮，可以打开"渐变填充"对话框，如图 1-106 所示。

该对话框中包括线性渐变、射线渐变、圆锥渐变、方形渐变等渐变形式。通过该对话框可以选择不同的渐变形式和渐变颜色。设置完成后，即可对一个选中的封闭图形进行渐变填充。在该对话框中不但可以进行上述操作，还可以设置渐变的角度、边界、中心位置、自定义中点，以及进行预设样式渐变填充等。

向量图样填充：单击"向量图样填充"按钮，可以打开"向量图样填充"对话框，如图 1-107 所示。

图 1-105

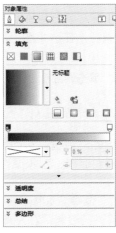

图 1-106

图 1-107

　　该对话框中包括双色图样填充、向量图样填充、位图图样填充等形式。在对话框中可以选择不同的填充形式，也可以设置双色图案填充的颜色，还可以选择现有的图案样式。设置完成后，单击▦按钮，可以打开"向量图样填充"对话框。在该对话框中不但可以进行上述操作，也可以设置装入其他样式文件、创建双色图案、改变原点、改变大小，还可以进行倾斜、旋转、位移、平铺尺寸、是否与对象一起变换等项的设置。

　　位图图样填充：选择"位图图样填充"选项，可以打开"位图图样填充"对话框。在该对话框中可以选择底纹样本，选择完成后，单击▮按钮，即可对一个封闭图形进行底纹填充，如图 1-108 所示。在该对话框中不但可以进行上述操作，还可以对底纹的众多属性进行设置。

◈ **3. 变换对话框**

　　执行菜单"对象 / 变换"命令，可以打开一个二级菜单，单击其中任何一个命令，均可打开对话框。该对话框中包括位置、旋转、镜像、大小、倾斜等项目，现分别介绍如下。

　　位置变换：单击"位置"图标✥，显示的是位置变换对话框，如图 1-109 所示。

　　在该对话框中可以对选中的图形对象进行精确位置的设置。如在相对位置模式下，在对话框的水平位置"x"中输入一个数值，单击"应用"按钮，图形对象会自原位水平向右移动输入的距离。如在垂直位置"y"中输入一个数值，单击"应用"按钮，图形对象会自原位垂直向上移动输入的距离。如果单击"应用到再制"按钮，原对象保留在原位，在输入数值的位置上移动再制一个图形对象等。同时还可以设置移动模式、移动基点等。

　　旋转变换：单击"旋转"图标↻，显示的是旋转变换对话框，如图 1-110 所示。

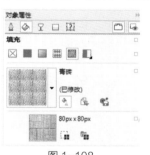

图 1-108　　　　　　　　　　　图 1-109　　　　　　　　　　　图 1-110

　　在该对话框中可以对选中的图形对象进行旋转设置操作。如在"相对中心"模式下，在对话框的"角度"文本框中输入一个数值，单击"应用"按钮，图形对象会按输入的角度进行旋转。如果单击"应用到再制"按钮，原对象保留在原位，在输入角度的位置上，旋转再制一个图形对象等。同时还可以设置旋转模式、中心位置等。

　　镜像变换：单击"镜像"图标⬕，显示的是镜像变换对话框，如图 1-111 所示。

　　在该对话框中可以对选中的图形对象进行镜像变换和比例缩放设置操作，一般情况下，我们不去改变图形的比例。单击"水平镜像"按钮，再单击"应用"按钮，图形对象会水平镜像翻转后再制一个图形对象。同时还可以设置镜像的模式、镜像翻转的中心基点等。

　　大小变换：单击"大小"图标⬚，显示的是大小变换对话框，如图 1-112 所示。

　　在该对话框中可以对选中的图形对象进行大小的设置操作。如在不按比例模式下，在水平大小"x"中输入一个数值，再单击"应用"按钮，图形对象会按输入的数值在水平方向发生大小变化。垂直大小"y"的变换原理同上。同时还可以设置大小变换的模式、变换的中心基点等。

　　倾斜变换：单击"倾斜"图标◺，显示的是倾斜变换对话框，如图 1-113 所示。

　　在该对话框中可以对选中的图形对象进行倾斜变换的设置操作。在水平倾斜"x"中输入一个数值，再单击"应用"按钮，图形对象会按输入的数值在水平方向出现倾斜变化。垂直倾斜"y"的变换原理同上。

同时还可以设置倾斜变换的模式、变换的中心基点等。

图 1-111

图 1-112

图 1-113

4. 造型对话框

执行菜单"对象 / 造型"命令，可以打开一个二级菜单，单击其中任何一个命令，均可打开"造型"对话框，如图 1-114 所示。该对话框中包括焊接、修剪、相交等选项，现在分别介绍如下。

焊接：选择"焊接"命令，显示的是"焊接"对话框，如图 1-115 所示。在该对话框中可以将两个或多个选中的图形对象焊接为一个图形对象，并且除去相关部分，保留焊接到的某个图形对象的颜色。同时还可以选择保留来源对象、目标对象或不保留等。

修剪：选择"修剪"命令，显示的是"修剪"对话框，如图 1-116 所示。在该对话框中可以对一个图形对象用一个或多个图形对象进行修剪，得到需要的图形。同时还可以选择保留原始源对象、原目标对象或不保留等。

相交：选择"相交"命令，显示的是"相交"对话框，如图 1-117 所示。在该对话框中可以对两个图形对象进行相交操作，保留两个图形重叠相交的部分，同时还可以选择保留原始源对象、原目标对象或不保留等。

图 1-114

图 1-115

图 1-116

图 1-117

1.8 CorelDRAW X7 的打印和输出

1.8.1 文件格式

CorelDRAW X7 的默认文件格式是 CDR，在保存、另存为时还可以保存为其他多种图形格式。该程序可以导出多种格式的图形文件，也可以导入多种格式的图形文件。该程序可以打开 CDR 文件，也可以打开其他多种格式的文件。

1. 导出保存转换格式

使用"选择工具" 选中图形，单击"导出"图标 ，打开"导出"对话框，如图 1-118 所示。

在"保存在"下拉列表中选择保存地址；在"文件名"文本框中输入文件名；勾选"只是选定的"复选框，打开"保存类型"下拉列表，根据下一步工作的需要选择文件格式类型，其他按默认进行设置即可。单击"导出"按钮，打开一个对话框，如图 1-119 所示。

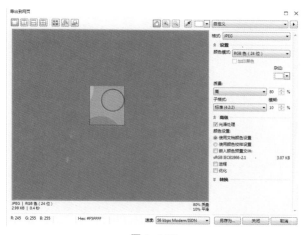

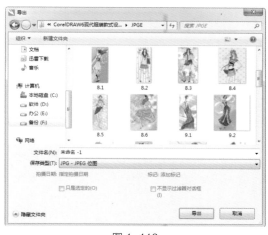

图 1-118

图 1-119

在该对话框中可以设置图形的高度和宽度，还可以设置图形的比例、单位、分辨率、颜色模式等，一般保持默认状态即可。连续单击"确定"按钮直至完成保存工作。

常用的文件格式有 46 种。单击图 1-120 对话框中的"保存类型"下拉列表，其中常用的文件格式有 PDF、AI 等。

2. 保存、另存为的文件格式

当绘制一个图形并进行保存时，执行菜单"文件 / 保存"或"另存为"命令，会打开"保存绘图"对话框，如图 1-121 所示。

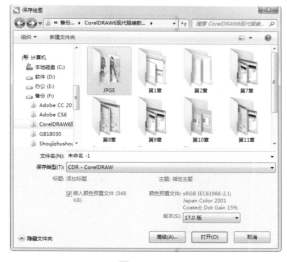

图 1-120

图 1-121

在"保存在"下拉列表中选择保存地址；在"文件名"文本框中输入文件名；展开"保存类型"下拉列表，根据下一步工作的需要选择文件格式类型，其他按默认进行设置即可。单击"保存"按钮即可完成保存工作。

常用的文件格式有 20 种。在对话框中单击"保存类型"下拉列表，其文件格式类型如图 1-122 所示。常用的文件格式包括 CDR、CMX、AI 等。

图 1-122

1.8.2 文件的打印和输出

当要作为一般作业、文档输出时，可以直接在程序中单击"打印"命令进行打印。操作方法与大部分程序相同。

当要输出服装 CAD 样板图或排料图时，首先将文件另存为与输出仪的文件格式相同的格式，将计算机与输出仪连接，输出打印即可。CorelDRAW X7 的兼容性很强，所有计算机设备基本上都可以使用。

当要使用自动裁剪设备时，首先将文件另存为与自动裁剪设备的文件格式相同的格式，将计算机与自动裁剪设备连接，即可自动裁剪。

第2章
现代服装款式设计基础

本章知识要点

◈ 人体的比例与形态
◈ 服装轮廓造型
◈ 服装款式设计中的形式
　 美法则

　　款式是指服装的基本形态，服装的造型设计一般从服装的款式构思入手。在具体的服装中,服装的款式由服装的外形、领子、门襟、袖子、口袋、腰头等组合进行表现。因此，我们也从组成服装款式的这些元素入手开始研究服装的款式造型设计。服装是由人来穿用的，无论什么款式的服装，都必须符合人体的基本形状、身体结构比例、符合服装美学基本原理。因此本章重点探讨人体的基本形态和比例、服装廓型、服装美学法则等内容。

　　服装款式设计的一般步骤是确定整体造型、设计分割造型、设计局部造型、设计配件和配饰。

2.1　人体的比例与形态

2.1.1　人体的身长比例

　　不同年龄的人体高度与头长的比例是不同的，一般情况下，1～3岁的比例是4个头长，4～6岁是5个头长，7～9岁是6个头长，10～16岁是7个头长，成年一般是7.5个头长，如图2-1所示。

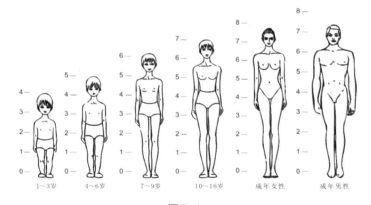

图 2-1

2.1.2　款式设计的身长比例

　　服装设计常用的身长比例为七头身、八头身、九头身和十头身，如图2-2至图2-5所示。

　　七头身是现实生活中的最佳真实比例，如果采取写实主义，这一比例最为合适。而服装设计和现实写生的身长比例有差别，这种差别变化也是随潮流而改变。为突出姿势，最理想的比例是八个头身，服装款式设计通常采用八头身的比例。

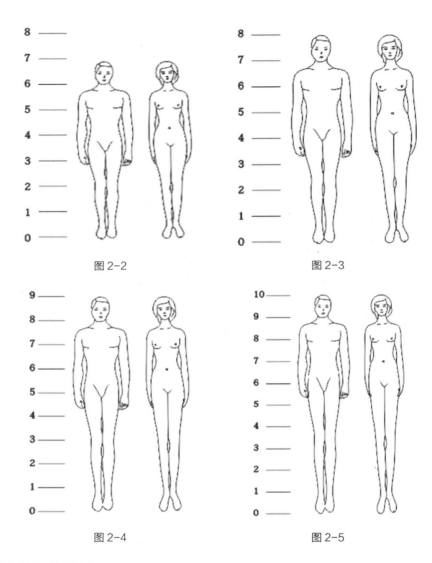

图 2-2　　　　　　　　　　　　　　　　　图 2-3

图 2-4　　　　　　　　　　　　　　　　　图 2-5

2.1.3　男女体型的区别

　　女性身体较窄，其最宽部位也不超过两个头宽、乳头位置比男性的稍低，腰细，事实上女性通常有较短的小腿和稍粗的大腿。女性的肚脐位于腰线稍下方，男性的则在腰线上方或与之平齐。女性的肘位处于腰线稍上，臀部较宽，呈梯形；男性臀部较窄，呈倒梯形，如图 2-6 所示。

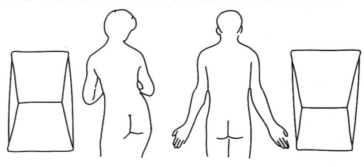

图 2-6

男女的区别是明显的，初学者往往画起来女性像男性，男性像女性。有的人认为男性不好画。线条没有女性的优美，其实不然。女性有女性的美，男性有男性的美，只要下功夫练习即可。一定要掌握女性特征和男性特征，以及表现上的不同特点。要记住并不难，最主要是熟练运用。在画笔、画料方面，没有男、女之别。一般来说，细而柔的线条宜于表现女性，刚而硬的线条宜于表现男性，至于如何运用得娴熟，这就得靠观察和练习了。

2.1.4 服装款式设计的比例

1. 上衣基本比例
上衣基本比例如图 2-7 所示。

2. 裙子比例
裙子比例如图 2-8 所示。

3. 裤子比例
裤子比例如图 2-9 所示。

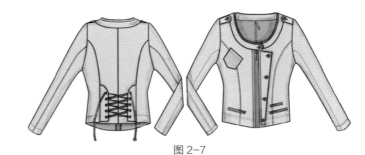

图 2-7

图 2-8

图 2-9

2.2 服装轮廓造型

服装的廓型即服装的轮廓造型，它的变化对服装的整体形态起决定性的作用；廓型相同的服装，如中山装、学生装、军便装等，即使其领、门襟、口袋、腰头等局部样式不同，它们之间的差异不会让人一眼就看出来；而廓型不同的服装，如长裤、中裤、短裤等，即使其腰头、门襟、口袋等局部样式相同，它们之间的差异也会让人一眼就看出来。因此，在服装的款式设计中要特别重视对廓型的处理。

2.2.1 单件服装廓型的种类

单件服装的外形主要有 H、A、V、S 这 4 种基本形态。这 4 种基本形态除了在样式上有明显不同以外，它们给人的审美感受也有很大的不同。

1. H 形
廓型为 H 形的服装以直线结构为主，可以将直线分割与曲线省位结合在一起，总体为直线，但曲线特征仍有一定的保留。廓型为 H 形的服装其肩、腰、臀围或下摆的宽度基本相等，如直筒衫、直筒裙、直筒裤等。廓型为 H 形的服装具有质朴、简洁的审美效果，如图 2-10 和图 2-11 所示。

图 2-10

图 2-11

🖎 2．A 形

廓型为 A 形的服装上窄下宽，如窄肩放摆的披风、衬衣、外套、喇叭裙、大喇叭裤等。廓型为 A 形的服装具有活泼、潇洒的审美效果，如图 2-12 和图 2-13 所示。

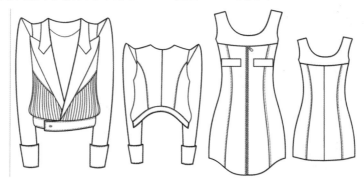

图 2-12

图 2-13

3. V 形

廓型为 V 形的服装上宽下窄，如具有夸张肩部和缩窄下摆的夹克、连衣裙、外套等。廓型为 V 形的服装具有洒脱的阳刚美，如图 2-14 和图 2-15 所示。

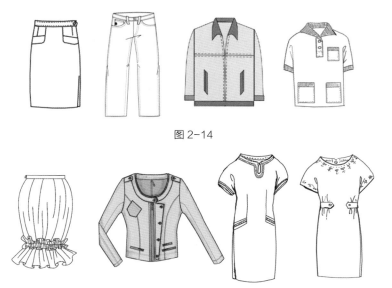

图 2-14

图 2-15

4. S 形

廓型为 S 形的服装外轮廓与人体本身的曲线比较吻合，如连衣裙、旗袍、小喇叭裤等。廓型为 S 形的服装具有温和、典雅、端庄的审美效果，如图 2-16 和图 2-17 所示。

图 2-16

图 2-17

在整体着装时，服装的廓型常常是以组合状态出现的，因此在对服装的整体着装进行构思时，要注意服装组合后的廓型效果。

2.2.2 廓型的设计要点

1. 服装廓型的设计要符合服装的流行

由于廓型对服装的款式有十分明显的影响，因此服装款式流行的特点常常会表现于服装的廓型，设计时应注意使服装的廓型符合流行。

2. 廓型的设计要注意整体协调

单件服装廓型的设计要注意长与宽、局部与局部的比例协调。组合服装廓型的设计要注意上装与下装、内衣与外衣的比例协调。

2.3 服装款式设计中的形式美法则

形式法则是造型艺术设计的基本法则，为了进一步提高服装设计水平，设计者必须掌握造型美的基本形式法则。

1. 比例

比例是指同类量之间的倍数关系。在造型艺术的创作活动中，作为法则的"比例"要求艺术形式内部的数量关系必须符合人们的审美追求，即艺术形式中各局部与局部之间，以及局部与整体之间的面积关系、长度关系、体积关系都要给人美的感受。

对服装的设计也要这样：在单件服装设计中，要注意让组成服装的各局部之间、局部与整体之间保持美好的比例，如领与门襟之间、口袋与衣片之间、腰头与裤片之间，都必须有适当的数量关系，服装才能给人美的感受；而在成套服装设计中，除了上述要求以外，还要注意让上下装之间、内外装之间保持美好的比例，如图 2-18 所示。

2. 平衡

平衡是指对立的各方在数量或质量上相等或相抵之后呈现的一种静止状态。在造型艺术的创作活动中，作为法则的"平衡"则是要求艺术中不同元素之间组合后必须给人平稳、安定的美感。

服装的平衡美是通过服装中各造型元素适当配合表现的，当服装中的造型元素呈对称形式放置时，服装会呈现出简单、稳重的平衡美，对称形式如图 2-19 所示。而当服装中的造型元素呈非对称形式放置，且仍然能保持整体平衡时，服装会呈现出多变、生动的平衡美，如图 2-20 所示。因此，设计者应结合设计要求，适当且灵活地组织服装中的各种元素，让这些元素为服装带来设计所需要的平衡感。

图 2-18

图 2-19

图 2-20

3. 呼应

呼应是指事物之间互相照应的一种形式。在造型艺术的创作活动中，作为法则的"呼应"则是要求艺术形式中相关元素之间有适当联系，以便表现艺术形式内部的整体协调美感。

服装的整体协调美是通过相关元素外在形式的相互呼应或内在风格的相互呼应产生的，如用相同的色彩、相同的图案或相同的材料装饰服装的不同部位，就可以使服装的色彩、图案或材料等设计元素之间产生协调美；或让组合在一套服装中的各个单品都统一在相同的风格中，服装也能呈现出和谐的整体协调美，如图 2-21 所示。

图 2-21

4. 节奏

节奏是指有秩序的、不断反复的运动形式。在造型艺术的创作活动中，作为法则的"节奏"是要求艺术形式中设计元素的变化要有一定的规律，使观赏者在观赏过程中享受到这种有规律的变化带来的美感。

服装的节奏是通过某设计元素在一件或一套服装中多次反复出现表现的，如相同或相似的线、相同或相似的面、相同或相似的色彩、相同或相似的材料等，都可以使服装产生有秩序的、不断表现的节奏美，如图 2-22 所示。

5. 主次

主次是指事物中各元素组合之间的关系。在造型艺术的创作活动中，作为法则的"主次"是指艺术形式中各元素之间的关系不能是平等的，必须有主要部分和次要部分的区别，主要部分在变化中起统领作用，而次要部分的变化必须服从主要部分部位的变化，对主要部分起陪衬或烘托作用。艺术形式中各元素的主次分明了，其设计风格和设计个性就能显现出来。

构成服装的元素很多，如点、线、面、色彩、图案等，在运用这些元素设计一件服装时，也要注意处理好这些元素之间的主次关系，或以点为主，或以线为主，或以面为主，或以色彩为主，或以图案为主，而让其他元素处于陪衬地位。服装中起主导作用的元素突出了，服装也就有了鲜明的个性或风格，如图 2-23 所示。

图 2-22   图 2-23

6. 多样统一

多样统一是宇宙的根本规律，它孕育了人们既不爱呆板、又不爱杂乱的审美心理。在造型艺术的创作活动中，作为法则的"多样统一"是对比例、平衡、呼应、节奏、主次的集中概括，它要求艺术作品的形式既要丰富多样，又要和谐统一。

单调呆板的服装是不美的，杂乱无章的服装也是不美的。在追求"统一"效果的服装中添加适当的变化，让"统一"的服装避免单调；在追求"多样"效果的服装中让各元素的变化协调起来，使"多样"的服装避免杂乱，是衡量服装设计者水平高低的重要依据，如图 2-24 所示。

图 2-24

第3章
服装部件和局部设计

服装款式构成服装的基本形态，服装的造型设计一般从服装的款式构思入手。在具体的服装中，服装的款式由服装的外形、领子、门襟、袖子、口袋、腰头等组合进行表现。因此，我们也从组成服装款式的这些元素入手开始进行服装造型的设计研究，如图 3-1 所示。

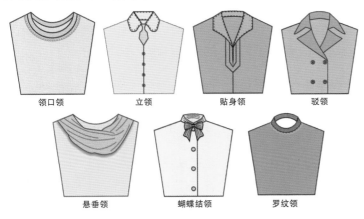

| 领口领 | 立领 | 贴身领 | 驳领 |

| 悬垂领 | 蝴蝶结领 | 罗纹领 |

图 3-1　领子的分类

3.1　领子的设计与表现

3.1.1　立领的设计与表现

立领是领面直立的领子，有的只有领座没有翻领，有的既有领座也有翻领，如中国传统的旗袍领、中山装领，以及男式衬衣领等，能给人庄重、挺拔的审美感受。

用电脑设计和表现立领可以借鉴领口领的方法，先画了衣身上部图形，然后再在领口两侧画领高线，领高线的高低和倾斜度对立领的造型及着装效果有很大影响，要注意适度把握。画好领高线以后就可以画领子了。立领变化一般不大，主要采用包边、嵌边或辑明线的手法去装饰，如图 3-2 所示。

◈ 1. 设置图纸、原点和辅助线

新建一个文件，设置为 A4 图纸，竖向摆放，绘图单位为厘米，绘图比例为 1：5，再设置原点和辅助线，如图 3-3 所示。

本章知识要点

◈ 领子的设计与表现
◈ 袖子的设计与表现
◈ 门襟的设计与表现
◈ 口袋的设计与表现
◈ 腰头的设计与表现

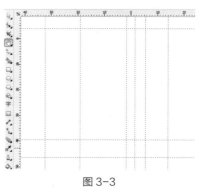

图 3-2   图 3-3

2. 绘制基本框图

利用"矩形工具" ，绘制一个宽度为 40cm、高度为 40cm 的矩形，如图 3-4 所示。

3. 绘制衣身

利用"形状工具" ，参照辅助线，在大矩形上边分别双击鼠标，增加两个肩颈点的节点。按住 Shift 键，利用"形状工具"选中大矩形两端的节点。按住 Ctrl 键，利用"形状工具"将两个节点向下拖至 5cm 处，形成落肩。按住 Ctrl 键，利用"形状工具"，将大矩形下边的两个节点分别向中心线拖到适当位置，形成收腰效果，如图 3-5 所示。

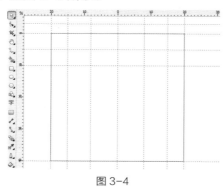

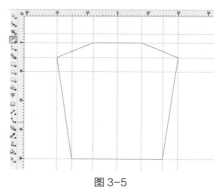

图 3-4   图 3-5

4. 领子的绘制

01 利用"手绘工具" ，绘制封闭图形，如图 3-6 所示。

02 利用"形状工具" 选中三角形，单击属性栏中的"转换为曲线"图标 ，将其转换为曲线。利用"形状工具" ，将图形直边弯曲为领子形状，如图 3-7 所示。

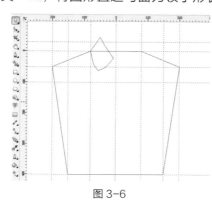

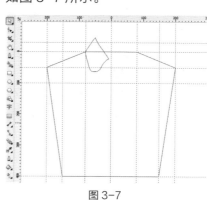

图 3-6   图 3-7

03 利用"选择工具" 选中左侧领子，单击"变换"对话框中的"应用"按钮，再制一个领子。单击属性栏中的"水平翻转"图标 ，使领子水平翻转。按住 Ctrl 键，将其拖至右侧相应位置，如图 3-8 所示。

04 利用"手绘工具" ，参照上述方法，绘制后领图形，如图 3-9 所示。

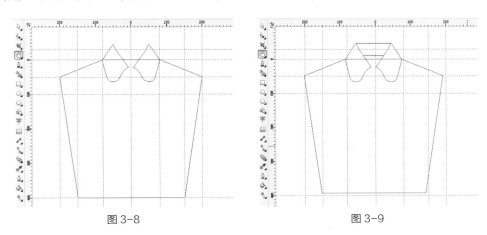

图 3-8   图 3-9

5. 绘制明线

利用"手绘工具" 和"形状工具" ，参照绘制领子的方法，绘制领子明线，并通过属性栏中的轮廓选项，将其修改为虚线，如图 3-10 所示。

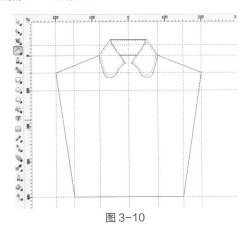

图 3-10

6. 绘制领带和扣子

01 利用"手绘工具" 和"形状工具" ，参照绘制领子的方法，在衣身中间绘制领带。

02 按住 Ctrl 键，利用"手绘工具" 自领带中间绘制一条到底边的直线，即完成了门襟的绘制，如图 3-11 所示。

03 按住 Ctrl 键，利用"椭圆形工具" 绘制一个圆形，并设置圆形宽度和高度均为 1.5cm，再利用"椭圆形工具" 绘制一个小圆形，并设置圆形宽度和高度均为 0.25cm，利用变换和对齐分布命令再制几个小圆，群组之后和大圆居中对齐，即完成了单个扣子的绘制。

04 利用"选择工具" 拖出一个虚线框，将扣子同时框住（即同时选中），单击属性栏中的"群组"图标 ，将其组合在一起。利用"选择工具"将其拖放到门襟线上端。单击"变换"对话框中的"应用"按钮，再制 3 个扣子，并将其向下拖放至适当位置，即完成了扣子的绘制，如图 3-12 所示。

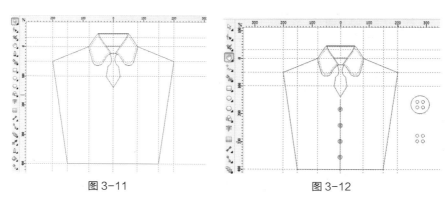

图 3-11　　　　　　　　　　　　　　　　图 3-12

7. 加粗轮廓

01　单击"编辑"按钮，打开"轮廓笔"对话框。在"角"设置区域，选择无角轮廓，即第 3 个图标，单击该图标，再单击"应用"按钮，如图 3-13 所示。

02　利用"选择工具"，按住 Shift 键，连续选中所有虚线，单击"对象属性"对话框中的轮廓选项，将轮廓宽度设置为 3mm，单击"应用"按钮。

03　利用"选择工具"，按住 Shift 键，连续选中除扣子以外的所有实线图形，单击"对象属性"对话框中的轮廓选项，将轮廓宽度设置为 3.5mm，单击"应用"按钮。

04　利用"选择工具"，按住 Shift 键，连续选中扣子图形，单击对象属性对话框中的轮廓选项，将轮廓宽度设置为 2mm，单击"应用"按钮，即完成了轮廓设置，如图 3-14 所示。

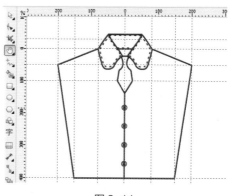

图 3-13　　　　　　　　　　　　　　　　图 3-14

8. 填充颜色

利用"选择工具"选中衣身和领子图形，单击界面右侧调色板中的浅粉色，为衣身填充浅粉色。利用"选择工具"选中领带图形，单击调色板中的浅紫色，为领带填充浅紫色，如图 3-15 所示。

立领的其他款式如图 3-16 所示。

图 3-15　　　　　　　　　　　　　　　　图 3-16

3.1.2　贴身领的设计与表现

贴身领即领面向外翻折、领子贴在衣身上的领子。贴身领的形态变化十分灵活，可以运用的装饰手法也很多，因此能产生的审美效果也非常丰富，设计者应结合整体需要去考虑。

用电脑设计和表现贴身领也需要先绘制衣身图形，然后再确定贴身领领座的高度。贴身领的领座高度对翻领的造型有一定的影响，领座越高领面越会向上扬起，反之领面则会平摊在肩上。贴身领领座高度确定之后，就可以设计绘制贴身领了。

设计贴身领关键要注意把握好领面折线和领面轮廓线。领面折线将决定贴身领的领深，而领面的轮廓线则决定贴身领的造型。领面的造型决定之后，还可以运用包边、嵌边、刺绣图案、拼贴异色布、加缝花边、辑明线等手法去丰富它们的变化，如图 3-17 所示。

1. 设置原点和辅助线，绘制外框

新建一个文件，并设置原点和辅助线。利用"矩形工具" □，绘制一个宽度为 40cm、高度为 40cm 的矩形。再绘制一个矩形，设置宽度为 11cm、高度为 3cm，按住 Ctrl 键，利用鼠标将该矩形拖至大矩形的上方，并与之对齐，如图 3-18 所示。

图 3-17

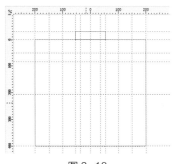

图 3-18

2. 绘制衣身

利用"形状工具" ⸜，在大矩形上边与小矩形两个竖边交汇处，分别双击鼠标，增加两个节点。按住 Shift 键，利用"形状工具"选中大矩形两端的节点。按住 Ctrl 键，利用"形状工具"将两个节点向下拖至 5cm 处，形成落肩。按住 Ctrl 键，利用"形状工具"，将大矩形下边的两个节点，分别向中心线拖到适当位置，形成收腰效果，如图 3-19 所示。

3. 领子绘制

01　利用"手绘工具" ⸜，自小矩形左侧上边节点处开始，绘制封闭图形，如图 3-20 所示。

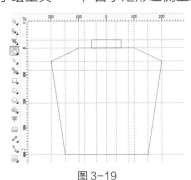

图 3-19

图 3-20

02　利用"形状工具" ⸜选中三角形，单击属性栏中的"转换为曲线"图标 ⸜，将其转换为曲线。利用"形状工具" ⸜，将图形直边弯曲为领子形状，如图 3-21 所示。

03　利用"选择工具" 选中左侧领子，单击"变换"对话框中的"应用"按钮，再制一个领子。单击属性栏中的"水平翻转"图标 ，使领子水平翻转。按住 Ctrl 键，将其拖至右侧相应位置，如图 3-22 所示。

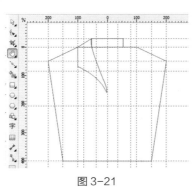

图 3-21　　　　　　　　　　　　　　图 3-22

04　利用"形状工具" 选中小矩形上边，单击属性栏中的"转换为曲线"图标 ，将其转换为曲线。利用"形状工具" ，在小矩形上边的中心处，向上拖至适当位置。重复上述步骤，将小矩形下边向上拖至适当位置。同样将大矩形上边中段拖到与小矩形下边重合，如图 3-23 所示。

4. 绘制明线

利用"手绘工具" 和"形状工具" ，参照绘制领子的方法，绘制领子明线，并通过属性栏中的轮廓选项，将其修改为虚线，如图 3-24 所示。

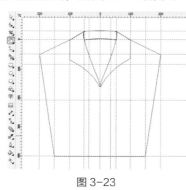
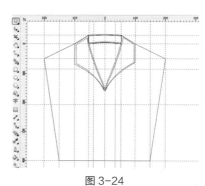

图 3-23　　　　　　　　　　　　　　图 3-24

5. 绘制飘带和门襟

01　利用"手绘工具" ，按住 Ctrl 键从领子中间绘制左侧的飘带线段，完成后选中该线段，按住 Shift 键，水平向下移动至适当位置，释放鼠标左键，同时按下鼠标右键进行复制，再按 Ctrl+R 键一次，等距离再复制一个线段，调整到适当位置。

02　利用"选择工具" 选中左侧飘带，单击"变换"对话框中的"应用"按钮，再制一个复本，单击属性栏中的"水平翻转"图标 ，使飘带水平翻转。按住 Ctrl 键，将其拖至右侧相应位置。

03　利用"手绘工具" ，自领带中间绘制一条到底边的直线，即完成了门襟的绘制，如图 3-25 所示。

6. 加粗轮廓

01　利用"选择工具" ，按住 Shift 键，连续选中所有虚线，单击"对象属性"对话框中的轮廓选项，将轮廓宽度设置为 3mm，单击"应用"按钮。

02　利用"选择工具" ，按住 Shift 键，选中衣身和飘带图形，单击"对象属性"对话框中的轮廓选项，将轮廓宽度设置为 3.5mm，单击"应用"按钮，如图 3-26 所示。

图 3-25

图 3-26

7. 填充颜色

利用"选择工具" 选中领子图形，单击调色板中的金色，为领子填充金色。利用同样的方法，为衣身填充橄榄色，如图 3-27 所示。

其他常见贴身领的款式如图 3-28 所示。

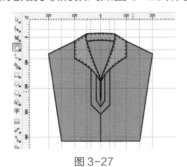

图 3-27

图 3-28

3.1.3 驳领的设计与表现

驳领是领面和驳头一起向外翻折的领子，能给人开阔、干练的审美感受。用电脑设计和表现驳领，需要先绘制衣身图形，并确定好领座的高度，驳领领座高度确定之后再绘制驳领。

驳领驳头和领面的折线将决定驳领的深度，而驳头和领面的轮廓线将决定驳领的造型，设计时要注意处理好领面与驳头之间的比例关系。驳领领面造型一般变化较大，也可以运用嵌边或包边工艺去装饰它，如图 3-29 所示。

1. 设置原点和辅助线，绘制外框

参照前述方法设置原点和辅助线。利用"矩形工具" ，绘制一个宽度为 40cm、高度为 40cm 的矩形，单击属性栏中的"转换为曲线"图标 ，将其转换为曲线。再绘制一个矩形，设置宽度为 14cm、高度为 4cm，按住 Ctrl 键，利用鼠标将该矩形拖至大矩形的上方，并与之对齐，如图 3-30 所示。

图 3-29

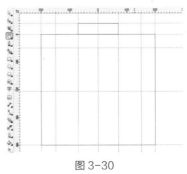

图 3-30

2. 绘制衣身

利用"形状工具" ，在大矩形上边与小矩形两个竖边交汇处，分别双击鼠标，增加两个节点。按住 Shift 键，利用"形状工具"选中大矩形两端的节点。按住 Ctrl 键，利用"形状工具"，将两个节点向下拖至 5cm 处，形成落肩。按住 Ctrl 键，利用"形状工具"，将大矩形下边的两个节点，分别向中心线拖到适当位置，形成收腰效果，如图 3-31 所示。

3. 绘制领子

01 将小矩形上边的两个节点，分别向中心线移动到适当位置。利用"贝塞尔工具" ，自小矩形左侧上边节点处开始，绘制封闭图形，如图 3-32 所示。

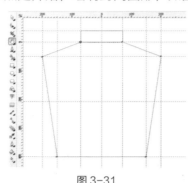
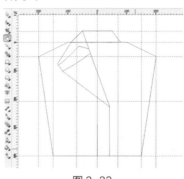

图 3-31　　　　　　　　　　　　　　图 3-32

02 选中几何图形，单击属性栏中的"转换为曲线"图标 ，将其转换为曲线。利用"形状工具" ，将图形直边弯曲为领子形状，如图 3-33 所示。

03 利用"形状工具" 选中小矩形上边，单击属性栏中的"转换为曲线"图标 ，将其转换为曲线。利用"形状工具" ，在小矩形上边的中心处，向上拖至适当位置。重复上述步骤，将小矩形下边向上拖至适当位置。同样将大矩形上边中段拖到与小矩形下边重合，如图 3-34 所示。

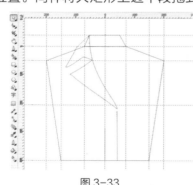

图 3-33　　　　　　　　　　　　　　图 3-34

04 利用"选择工具" 选中左侧领子，单击"变换"对话框中的"应用"按钮，再制一个领子。单击属性栏中的"水平翻转"图标 ，使领子水平翻转。按住 Ctrl 键，将其拖至右侧相应位置，如图 3-35 所示。

05 利用"形状工具" 选中右领，在左右领的两个相交点上，分别双击鼠标，增加两个节点。同时选中两个节点，单击属性栏中的"使节点变为尖突"图标 ，选中右领下部节点，按 Delete 键，删除节点。接着选中下部曲线，单击属性栏中的"曲线变直线"图标 ，即完成了去除重叠，如图 3-36 所示。

4. 绘制纽扣

按住 Ctrl 键，利用"椭圆形工具" ，绘制一个圆形，并设置圆形宽度和高度均为 2cm，单击"应用"

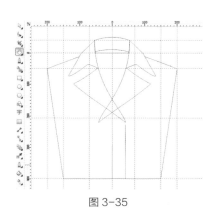

图 3-35

图 3-36

按钮。再利用"贝塞尔工具" ，在圆中心绘制 4 条直线，群组之后和大圆居中对齐，即完成了单个扣子的绘制。利用"选择工具"，将大圆和中间的图形全部选中，将其放在适当位置，再制一个扣子，将其放置在左面，将两个扣子全部选中，再制两个放在下边，即完成了扣子的绘制，如图 3-37 所示。

5. 加粗轮廓

利用"选择工具" ，按住 Shift 键，连续选中所有的图形，单击"对象属性"对话框中的轮廓选项，将轮廓宽度设置为 3.5mm。打开"轮廓"对话框，在"角"设置区域，选择无角轮廓，即第 3 个图标 ，单击"确定"按钮，如图 3-38 所示，效果如图 3-39 所示。

图 3-37

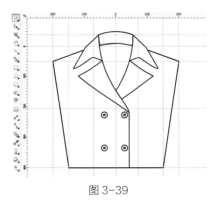

图 3-38

图 3-39

6. 填充颜色

01　利用"选择工具" 选中衣身图形，单击调色板中的复活节紫，为衣身填充复活节紫，并将其放置在最后面。

02　利用"选择工具" 选中领子图形，单击调色板中的暗蓝光紫，为领子填充暗蓝光紫。单击工具箱中的"渐变填充"按钮 ，弹出"渐变填充"对话框，在其中为扣子填充圆锥渐变，即完成了全部驳领的绘制，如图 3-40 所示。其他常见驳领款式图如图 3-41 所示。

图 3-40

图 3-41

3.1.4 蝴蝶结领的设计与表现

蝴蝶结领是以蝴蝶结作领饰的领子，能给人俏皮、活泼的审美感受。用电脑设计和表现蝴蝶结领要注意处理好蝴蝶结的形态、蝴蝶结中"带"的宽窄、长短，以及"带"扭曲中的变化，还要处理好"带"与"结"的关系，让"结"将"带"束住。

蝴蝶结是服装常用的设计元素，掌握了蝴蝶结形态变化的规律后，可以在需要时将它自如地运用到服装的其他部位中去，如图 3-42 所示。

1. 设置原点和辅助线，绘制外框

参照前述方法设置原点和辅助线。利用"矩形工具"▢，绘制一个宽度为 40cm、高度为 40cm 的矩形，单击属性栏中的"转换为曲线"图标◎，将其转换为曲线再绘制一个矩形，设置宽度为 13m、高度为 3m，按住 Ctrl 键，利用鼠标将该矩形拖至大矩形的上方，并与之对齐，如图 3-43 所示。

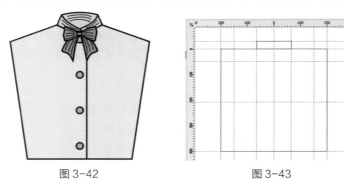

图 3-42   图 3-43

2. 绘制衣身

利用"形状工具"⬦，在大矩形上边与小矩形两个竖边交汇处，分别双击鼠标，增加两个节点。按住 Shift 键，利用"形状工具"，选中大矩形两端的节点。按住 Ctrl 键，利用"形状工具"将两个节点向下拖至 5cm 处，形成落肩。按住 Ctrl 键，利用"形状工具"，将大矩形下边的两个节点分别向中心线拖到适当位置，形成收腰效果，如图 3-44 所示。

3. 绘制领子

01 利用"贝塞尔工具"✏，将小矩形上边的两个节点，分别移动到中心线的适当位置。利用"贝塞尔工具"✏，自小矩形左侧上边节点处开始，沿 A → B → C → D → E 这 5 个点，绘制多边形 ABCDE，如图 3-45 所示。

02 利用"形状工具"⬦，在领形外部绘制一个虚线矩形，选中基本领形，单击属性栏中的"转换为曲线"图标◎，将所有基本领形的直线变为曲线。同时拖动每一条曲线，使其成为领子形状。利用同样的方法，将后领修画为如图 3-46 所示的形状。

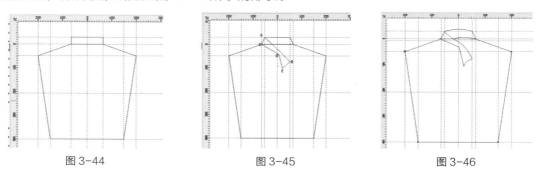

图 3-44   图 3-45   图 3-46

03 利用"选择工具"▨，选中左侧领子，单击"变换"对话框中的"应用"按钮，再制一个领子。

单击属性栏中的"水平翻转"图标 ，使领子水平翻转。利用"选择工具" ，按住 Ctrl 键，将其拖至右侧相应位置，如图 3-47 所示。

✎ 04　利用"贝塞尔工具" 和"形状工具" ，在左右领交叉处绘制蝴蝶结，如图 3-48 所示。

✎ 05　利用"贝塞尔工具" 和"形状工具" ，在领子内部绘制折纹曲线，使其更符合领子皱褶形态，如图 3-49 所示。

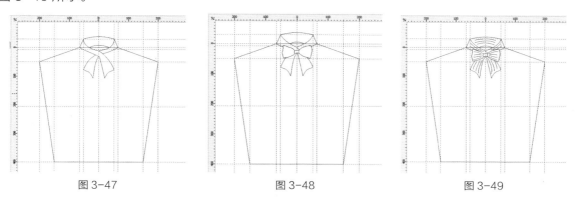

图 3-47　　　　　　　　　图 3-48　　　　　　　　　图 3-49

4. 绘制门襟和纽扣

✎ 01　利用"贝塞尔工具" ，在衣身中线右侧 2cm 处，绘制一条竖向直线作为门襟线。

✎ 02　利用"椭圆形工具" ，按住 Ctrl 键，绘制一个圆形，并设置圆形宽度和高度均为 2cm，单击"应用"按钮，并将其放置在领子交叉处。通过"变换"对话框中的大小选项，再制 3 个扣子，并分别将其放置在适当位置，如图 3-50 所示。

5. 加粗轮廓

✎ 01　利用"选择工具" ，按住 Shift 键，在图形外部绘制一个虚线矩形，选中所有图形，单击"对象属性"对话框中的轮廓选项，将轮廓宽度设置为 3.5mm，单击"应用"按钮。再另外选中领子内部折线，将其轮廓宽度设置为 2mm。

✎ 02　单击"编辑"按钮，打开"轮廓"对话框，如图 3-51 所示。在"角"设置区域选择无角轮廓，即第 3 个图标 ，单击"确定"按钮，再单击"应用"按钮，即完成了轮廓设置，加粗效果如图 3-52 所示。

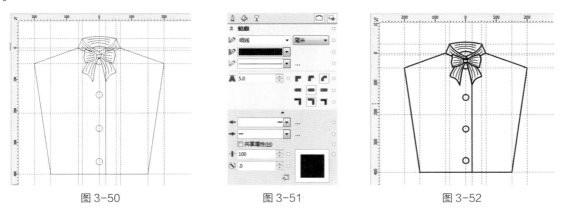

图 3-50　　　　　　　　　图 3-51　　　　　　　　　图 3-52

6. 填充颜色

利用"选择工具" 选中领子图形，单击调色板中的浅黄色，为领子填充浅黄色。利用同样的方法，为衣身填充白黄色，为蝴蝶结填充酒绿色。通过"对象属性"对话框中的渐变填充选项，为扣子填充方形渐变，即完成蝴蝶结领子的绘制，如图 3-53 所示。

图 3-53

3.1.5　悬垂领的设计与表现

悬垂领是一种特殊的领口领，其形态由领口部位的衣片悬垂后产生，能给人柔和、优雅的审美感受。用电脑设计和表现悬垂领要注意处理好领口宽与领口深的关系。一般情况下，悬垂领的领口需要比较宽的时候，领口就不宜太深，而需要比较深的时候，领口就不宜太宽。否则，不仅会影响服装的穿着功能，也会影响服装的审美感受，如图 3-54 所示。

1.　设置原点和辅助线，绘制外框

参照前述方法设置原点和辅助线。利用"矩形工具" ▢，绘制一个宽度为 40cm、高度为 40cm 的矩形，单击属性栏中的"转换为曲线"图标 ⚙，将其转换为曲线图形，如图 3-55 所示。

图 3-54

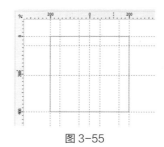

图 3-55

2.　绘制衣身

利用"形状工具" ▸，在矩形上边中线两侧各 8cm 处分别双击鼠标，增加两个节点。按住 Shift 键，利用"形状工具"，选中大矩形两端的节点。按住 Ctrl 键，利用"形状工具"将两个节点向下拖至 4cm 处，形成落肩。按住 Ctrl 键，利用"形状工具"，将大矩形下边的两个节点，分别向中心线拖到适当位置，形成收腰效果，如图 3-56 所示。

3.　绘制领子

01　利用"形状工具" ▸选中图形上边中间部位，将其变为曲线。向下拖动曲线，使其弯曲为领口形状，如图 3-57 所示。

02　利用"手绘工具" ▸，自小矩形左侧上边节点处开始，绘制线段，如图 3-58 所示。

03　利用"形状工具" ▸选中线段，单击属性栏中的"转换为曲线"图标 ⚙，将其转换为曲线。利用"形状工具" ▸，将图形直边弯曲为悬垂领的形状，如图 3-59 所示。

4.　加粗轮廓

利用"选择工具" ▯，按住 Shift 键，在图形外部绘制一个虚线矩形，选中所有图形，单击"对象属性"对话框中的轮廓选项，将轮廓宽度设置为 3.5mm，单击"应用"按钮。按照同样的方法将领子皱褶部位轮廓设置为 2mm，如图 3-60 所示，效果如图 3-61 所示。

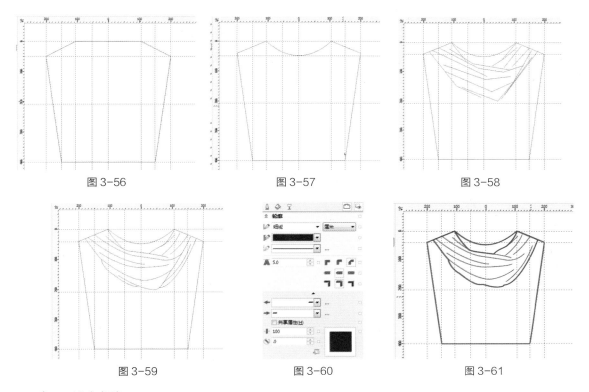

图 3-56　　　　　　　　　　图 3-57　　　　　　　　　　图 3-58

图 3-59　　　　　　　　　　图 3-60　　　　　　　　　　图 3-61

5. 填充颜色

01　利用"选择工具" 选中衣身图形，单击界面右侧调色板中的沙黄色，为衣身填充沙黄色，利用"选择工具" 选中领子图形，单击调色板中的浅橘红色，为领子填充浅橘红色。

02　利用"选择工具" 选中全部领子，选择工具箱中的"交互式阴影工具"，自领子上部向下拖动鼠标到领子下部，为领子添加阴影，即完成了悬垂领的绘制，如图 3-62 所示。

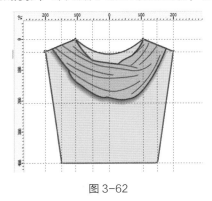

图 3-62

3.1.6　针织罗纹领的设计与表现

针织罗纹领是用针织罗纹材料设计并制作的领，它的形态主要是靠领口线的造型与领圈的高低来决定。比较低的针织罗纹领其审美效果与一般领口领相似，而较高的针织罗纹领的审美效果会比一般立领显得轻松。针织罗纹领不仅常用于针织服装，在梭织服装中也可以见到。

用电脑画针织罗纹领要注意表现领的质感和罗纹的表面肌理特征。学会了针织罗纹质感和肌理的表现，再画用针织罗纹材料制作的服装也就方便了，如图 3-63 所示。

1. 设置原点和辅助线，绘制外框

参照前述方法设置原点和辅助线。利用"矩形工具" ▢，绘制一个宽度为 40cm、高度为 40cm 的矩形，单击属性栏中的"转换为曲线"图标 ◎，将其转换为曲线。再绘制一个矩形，并将其放置在大矩形上部中间位置，并将其转换为曲线，如图 3-64 所示。

2. 绘制衣身

利用"形状工具" ◣，在大矩形上边与小矩形两个竖边交汇处，分别双击鼠标，增加两个节点。按住 Shift 键，利用"形状工具"，选中大矩形两端的节点。按住 Ctrl 键，利用"形状工具"将两个节点向下拖至 5cm 处，形成落肩。按住 Ctrl 键，利用"形状工具"，将大矩形下边的两个节点，分别向中心线拖至适当位置，形成收腰效果。将小矩形上边的两个节点，分别内移适当距离，如图 3-65 所示。

图 3-63

图 3-64

图 3-65

3. 找圆心"A"、"B"

✏ **01** 确定领台上边左端点为 C 点，衣身中心线上自领台向上 2cm 为 D 点，衣身中心线上 D 点向下 9cm 为 E 点。利用"手绘工具" ⚞，在 CD 两点之间绘制一条直线。利用"选择工具" ▨，将鼠标按在标尺上，拖出竖向辅助线，将其放置在 CD 直线的中心。

✏ **02** 利用"矩形工具" ▢，绘制一个长条矩形，将其左上角与 CD 直线中心对齐，再单击一次矩形，使其处于旋转状态，将旋转中心移动到 CD 直线的中心处，拖动旋转控制柄，使其旋转到矩形上边与 CD 直线对齐，其左边与衣身中心线的交点即是圆心 A，如图 3-66 所示。然后再将图形进一步缩放调整，如图 3-67 所示。

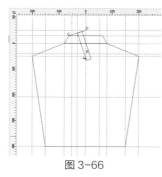
图 3-66

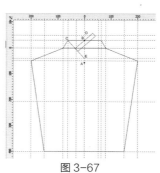
图 3-67

4. 绘制领子

✏ **01** 利用"椭圆形工具" ◯，同时按住 Ctrl 键和 Shift 键，以 B 为圆心，以 BC 为半径，绘制一个圆形，单击鼠标右键，选择转换为曲线。单击鼠标右键，选择"复制"命令，复制一个圆形，按住 Shift 键，拖动鼠标使其适当放大，两个圆形的间距即是领子的宽度，如图 3-68 所示。

✏ **02** 利用"形状工具" ◣选中大圆，在大圆与肩线的两个交点处分别双击鼠标，增加两个节点，绘制一个虚线矩形，框住两个节点(即同时选中两个节点)，单击属性栏中的"使节点变为尖突"图标 ▨。利用"形状工具" ◣，绘制一个虚线矩形，框住大圆上部的 3 个节点，单击鼠标右键，在下拉

菜单中选择"曲线"图标◎和"删除节点"图标▦，删除上部 3 个节点。利用同样的方法，修整小圆使端点与肩颈点对齐。

🪡 **03**　利用"选择工具"▨，按住 Shift 键，单击大圆弧和小圆弧，同时选中两个部分圆弧。执行菜单"对象 / 合并"命令，将两个圆弧结合为一个整体。利用"形状工具"▨选中左侧两个节点，执行菜单"对象 / 合并"命令。利用同样的方法将右侧两个节点闭合，即完成了下部领子的绘制，如图 3-69 所示。

🪡 **04**　按照上述步骤，绘制上部领子，如图 3-70 所示。

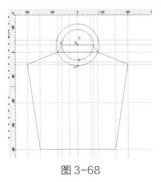
图 3-68

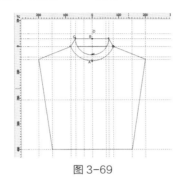
图 3-69

图 3-70

🖊 5.　绘制罗纹和明线

🪡 **01**　利用"手绘工具"▨，从圆心 B 开始，向着左侧肩颈点绘制一条直线。利用"形状工具"▨，将直线右端节点沿直线移动到领子内侧位置。利用"选择工具"▨，连续单击直线两次，使直线处于旋转状态，拖动旋转中心到圆心 B 处，通过"变换"对话框中的旋转选项，设置旋转角度为 4°，连续单击"应用"按钮，将整个领子布满短直线，形成罗纹状态。

🪡 **02**　利用同样的方法，按照上述步骤，绘制上部领子的罗纹，如图 3-71 所示。

🪡 **03**　利用"贝塞尔工具"▨，在领子外侧的两条肩线之间绘制一条直线。利用"形状工具"▨选中直线，同时单击属性栏中的"转换为曲线"图标，将其转换为曲线。拖动直线，使其弯曲为与领子外口吻合。利用"选择工具"▨选中曲线，通过属性栏中的领口设置选项，将曲线设置为虚线。

🪡 **04**　利用"贝塞尔工具"▨ 和"形状工具"▨，绘制花纹图形，通过"变换"对话框中的旋转选项，设置旋转角度为 11°，按照上述步骤把图形分布在罗纹领下面，即完成领子罗纹、明线和装饰花纹的绘制，如图 3-72 所示。

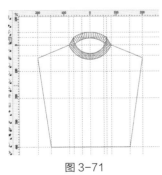
图 3-71

图 3-72

🖊 6.　加粗轮廓

🪡 **01**　利用"选择工具"▨选中所有罗纹线，单击"对象属性"对话框中的轮廓选项，将领子和明线的轮廓宽度设置为 1mm，单击"应用"按钮，如图 3-73 所示。

🪡 **02**　利用"选择工具"▨，选中其他衣身、明线和领子轮廓线，按照上述方法，将其设置为 3.5mm，即完成了加粗轮廓的步骤，加粗效果如图 3-74 所示。

7. 填充颜色

利用"选择工具" 选中衣身图形，单击界面右侧调色板中的海绿色，为衣身填充海绿色。利用"选择工具" 选中领子图形，为其填充绿色。利用同样的方法为领子下面的花纹图形填充金色，即完成了罗纹领款式图的绘制，如图 3-75 所示。

图 3-73

图 3-74　　　　　图 3-75

3.1.7　连身领的数字化绘制

连身领是指衣身或衣身的部分与领子连在一起的领子的类型，如图 3-76 所示。

图 3-76

1. 设置原点和辅助线

参照前述方法，设置如图 3-77 所示的原点和辅助线。

2. 绘制衣身

01　利用"矩形工具" ，参照辅助线，绘制一个矩形。单击属性栏中的"转换为曲线"图标 ，将其转换为曲线图形，如图 3-78 所示。

02　利用"形状工具" ，参照辅助线，在矩形上边通过双击鼠标增加两个节点，分别移动相应节点，形成左侧衣身框图，如图 3-79 所示。

图 3-77

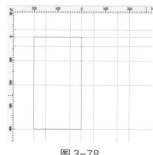
图 3-78

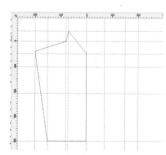
图 3-79

03　利用"形状工具" ，选中衣领口斜直线，单击属性栏中的"转换为曲线"图标 ，将其转换为曲线。利用"形状工具" ，将图形直边弯曲为领口的形状，利用"贝塞尔工具" ，绘制省位线，如图 3-80 所示。

04　利用"选择工具"选中左侧衣身图形，通过"变换"对话框中的大小选项，单击"应用"按钮，再制一个图形，利用"形状工具" ，断开肩端点，分别删除领口曲线以外的所有节点，只保留领口曲线，再制一个领口曲线，将其向下移动到适当位置。利用"选择工具" ，同时选中两条曲线，单击"合并"图标 ，将其合为一个整体。利用"形状工具" ，分别选中曲线两端的两个节点，单击属性栏中的"延长曲线使之闭合"图标，使其成为封闭图形，如图 3-81 所示。

05　利用"选择工具" ，框选所有图形，单击"变换"对话框中的"应用"按钮，再制一个图形。单击属性栏中的"水平翻转"图标 ，使领子水平翻转。利用"选择工具" ，按住 Ctrl 键，将其拖至右侧相应位置。利用"贝塞尔工具" 和"形状工具" ，绘制领口封闭图形，如图 3-82 所示。

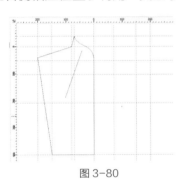
图 3-80

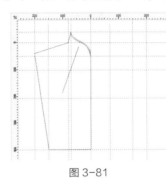
图 3-81

图 3-82

3. 绘制扣子

01　利用"矩形工具" ，绘制一个矩形，并设置矩形宽度为 6cm、高度为 0.5cm，单击"应用"按钮，再制一个矩形，将其放置在第一个矩形的下方，即完成了扣袢的绘制。

02　利用"椭圆形工具" ，同时按住 Ctrl 键，绘制一个圆形，并设置圆形宽度和高度均为 1.3cm，单击"应用"按钮，将其放置在双矩形的中点，即完成了扣子的绘制。

03　将扣袢和扣子全部选中后，单击属性栏中的"群组"图标 ，将其组合在一起，利用"选择工具"将其拖放到门襟线上端。单击"变换"对话框中的"应用"按钮，再制 3 个扣子，并将其向下拖放到适当位置，即完成了扣子的绘制，如图 3-83 所示。

4. 加粗轮廓

利用"选择工具" 选中所有扣子图形，单击"对象属性"对话框中的轮廓选项，设置轮廓宽度为 2.5mm，单击"应用"按钮。利用同样的方法，设置双线领口轮廓宽度为 1mm，其他图形轮廓宽度为 3.5mm，如图 3-84 所示。

图 3-83

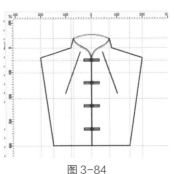
图 3-84

5. 填充颜色

利用"选择工具" 选中所有图形，单击调色板中的荒原蓝色，为衣身填充荒原蓝色。利用同样的方法，为双线领口图填充为蓝色，为扣袢填充为幼蓝色。通过"对象属性"对话框中的渐变填充选项，为扣子填充方形渐变填充，即完成了连身领款式图的绘制，如图3-85所示。

以上介绍了几种领子的基本形态的设计与表现要点。在实际运用时，可以根据服装的整体需要，将这些领子做进一步变化，或将基本形夸张，或将多种基本形综合，以创造更多更好的领型，如图3-86所示。

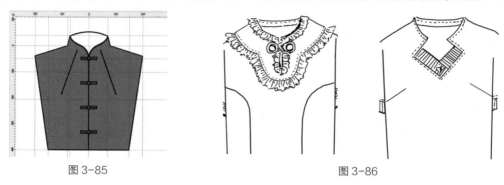

图 3-85   图 3-86

3.2 袖子的设计与表现

袖子是服装中遮盖和美化人体上肢的重要部件。袖子的设计既要考虑服装的审美性，也要考虑服装的功能性。

3.2.1 袖子的设计要点

要根据服装的使用功能来决定袖子的造型。不同的袖子对人体上肢活动会有不同的影响，如西装袖会极大地约束上肢摆动的幅度，喇叭袖会使前臂的活动遇到牵扯，当服装需要伴随穿衣人去完成这些动作时，就不能为这些服装设计这类袖型。

袖子的造型要与服装的整体风格协调。不同形态的袖子有不同的风格，如西装袖比较端庄，喇叭袖比较飘逸，灯笼袖比较活泼。让袖子的风格与服装的整体风格协调起来，服装才能产生和谐的美感。否则，服装的整体美就可能被袖子的不和谐破坏。除了风格协调以外，许多袖子的面积对整体造型影响也很大。如中长袖、长袖的面积与服装大身之间的面积如果不协调，服装的整体美也会被破坏。因此，设计时要注意把握好袖子与服装大身之间的比例，以免影响服装的整体效果。

一般情况下，在同一件服装中，袖子的局部装饰手法要尽可能与领的装饰手法保持一致。根据袖子的结构特征，袖子可以分为袖口袖、连身袖、圆装袖、平装袖、插肩袖等几种基本类型。各种类型的袖子随着袖身、袖头的变化还可以变化出各种各样的形态。下面分别介绍各类袖子的设计方法和表现方法。

3.2.2 袖口袖的设计与表现

袖口袖即是衣片袖窿，一般没有袖身，能给人轻松、简洁的审美感受。它的变化主要由衣片袖窿弧线的形态和对袖口的装饰来决定。

用于袖口袖的装饰手法很多，如在袖口边加缝花边、荷叶边或与衣片有对比效果的其他材料。这里介绍用电脑绘制荷叶边的方法。荷叶边不仅常用于对袖口的装饰，在服装的其他部位也常常可以用到，如图3-87所示。

1. 图纸、原点和辅助线的设置

设置 A4 图纸，纵向摆放，绘图单位为 cm，绘图比例为 1：5，参照前述方法，设置原点和辅助线，

如图 3-88 所示。

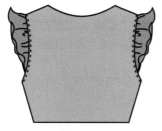

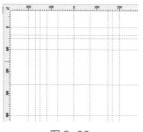

图 3-87

图 3-88

2. 绘制外框

利用"矩形工具"□，参照辅助线绘制一个矩形。单击属性栏中的"转换为曲线"图标 ◎，将其转换为曲线图形，如图 3-89 所示。

3. 绘制衣身

01　利用"形状工具" ⸃，参照辅助线，在矩形上边中点两侧 11cm 处双击鼠标，增加两个节点作为肩颈点，矩形上部左右端点是肩端点，肩颈点左侧线段是领口线。利用"形状工具" ⸃ 选中肩点，按住 Ctrl 键，将两个节点向下拖至 4cm 处，形成落肩。利用"形状工具" ⸃，在矩形左右竖边26cm 处双击鼠标，增加两个节点为袖窿深度。利用"形状工具" ⸃，将矩形底边两个节点分别向内移动，形成收腰，如图 3-90 所示。

02　利用"形状工具" ⸃，分别选中领口线和袖窿线，单击属性栏中的"转换为曲线"图标 ◎，拖动曲线，使其弯曲为领口的形状和袖窿的形状，如图 3-91 所示。

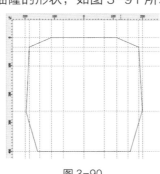

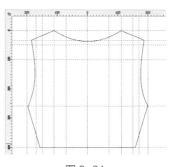

图 3-89

图 3-90

图 3-91

4. 绘制荷叶边

01　利用"贝塞尔工具" ⸜ 和"形状工具" ⸃，绘制荷叶边造型，如图 3-92 所示。

02　利用"贝塞尔工具" ⸜，绘制荷叶边内部皱褶线，如图 3-93 所示。

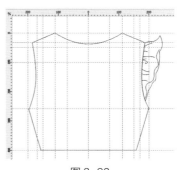

图 3-92

图 3-93

03　利用"贝塞尔工具" 和"形状工具" ，通过属性栏中的轮廓选项，绘制袖窿明线，如图 3-94 所示。

04　利用"选择工具" ，选择右侧袖口的所有图形，单击"变换"对话框中的"应用"按钮，再制一个图形。单击属性栏中的"水平翻转"图标 ，使其水平翻转，将其拖至左侧相应位置，如图 3-95 所示。

5. 加粗轮廓

利用"选择工具" 选中所有图形，单击"对象属性"对话框中的轮廓选项，设置轮廓宽度为 3.5mm，单击"应用"按钮，如图 3-96 所示，加粗效果如图 3-97 所示。

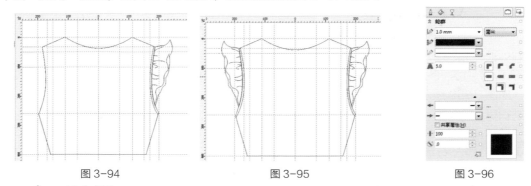

图 3-94　　　　　　图 3-95　　　　　　图 3-96

6. 填充颜色

利用"选择工具" 选中衣身图形，单击调色板中的弱粉色，为衣身填充弱粉色。利用同样的方法，为荷叶边填充深粉色，如图 3-98 所示。

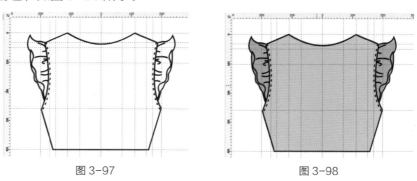

图 3-97　　　　　　　　　　图 3-98

3.2.3　连袖的设计与表现

连袖是袖片与衣片直接相连的袖，没有袖窿线，一般比较宽松，是人类早期服装常见的袖型，能给人洒脱、含蓄的审美感受。

通过袖身的长短变化和对袖身的装饰，可以产生各种不同的连袖。用电脑设计和表现连袖要注意将连袖打开画，这样更有利于表现连袖的造型特征，如图 3-99 所示。

图 3-99

1. 设置原点和辅助线，绘制外框

参照前述方法设置原点和辅助线。利用"矩形工具" ▢，绘制一个矩形，同时单击属性栏中的"转换为曲线"图标 ⟳，将其转换为曲线图形，如图 3-100 所示。

2. 绘制衣身

利用"形状工具" ▸，在矩形上边左右 5cm、矩形下边 2.3cm 和 19cm 处分别双击鼠标，增加节点。分别拖动相关节点，形成衣身框图，如图 3-101 所示。

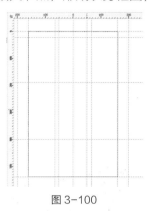

图 3-100

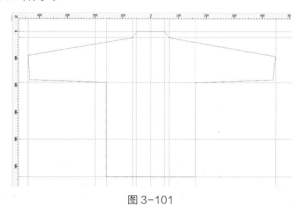

图 3-101

3. 修画相关曲线及绘制虚线

01　利用"形状工具" ▸，分别选中袖子底边线，单击属性栏中的"转换为曲线"图标 ⟳，将其转换为曲线。拖动曲线，使其弯曲为袖子造型，利用"贝塞尔工具" ▸ 绘制领口、袖子和衣身处的虚线，如图 3-102 所示。

02　利用"贝塞尔工具" ▸ 和"形状工具" ▸，绘制胸前的虚线部分，如图 3-103 所示。

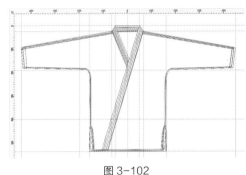

图 3-102

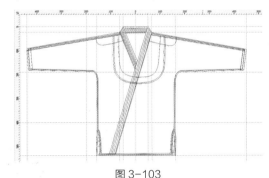

图 3-103

4. 绘制图案

01　利用"矩形工具" ▢，在袖口部分绘制一个矩形，利用"贝塞尔工具" ▸ 和"形状工具" ▸，绘制袖口部分的花纹图形，如图 3-104 所示。

02　利用"选择工具" ▸，框选所有花纹图形，单击"变换"对话框中的"应用"按钮，再制一个图形。单击属性栏中的"水平翻转"图标 ◫，使其水平翻转。利用"选择工具" ▸，按住 Ctrl 键，将其拖至右侧相应位置，如图 3-105 所示。

5. 加粗轮廓

利用"选择工具" ▸选中所有轮廓图形，单击"对象属性"对话框中的轮廓选项，设置轮廓宽度为 3.5mm，单击"应用"按钮。利用同样的方法将虚线的轮廓宽度设置为 2mm，加粗轮廓效果如图 3-106 所示。

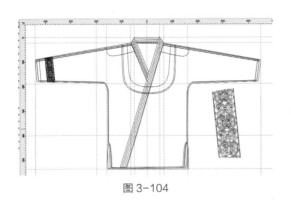

图 3-104

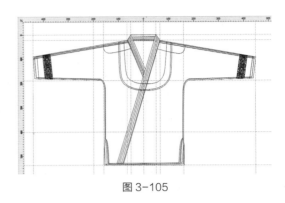

图 3-105

6. 填充颜色

利用"选择工具" 选中衣身图形，单击调色板中的金色，为衣身填充金色。利用同样的方法，为领口及门襟图样填充秋橘红色，为袖口花纹填充黑色，如图 3-107 所示。

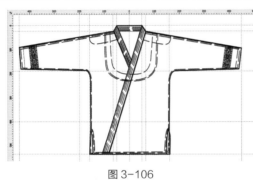

图 3-106

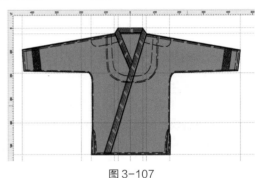

图 3-107

3.2.4 平装袖的设计与表现

平装袖是袖片与衣片分开裁剪的袖型，袖身由一片袖片合成，袖窿线在人体肩关节附近。男式衬衣袖是典型的平装袖，与连袖相比较，其造型比较贴身、利索，能给人休闲、轻松的审美感受。

通过袖身的长度变化和对袖头的装饰，可以产生许多不同款式的平装袖。由于平装袖多为一片袖，袖头的拼缝多在袖身后背，袖头的设计重点往往也会在袖身的后背，因此，用电脑设计和再现平装袖时，也要注意选择能反映设计重点的后背或将一只袖子翻折过来，如图 3-108 所示。

图 3-108

◇ **1. 设置原点和辅助线，绘制外框**

参照前述方法设置原点和辅助线。利用"矩形工具" □ ，绘制一个矩形，同时单击属性栏中的"转换为曲线"图标 ○ ，将其转换为曲线图形，如图 3-109 所示。

◇ **2. 绘制衣身**

✐ **01** 利用"形状工具" ▶ ，在矩形上边相应位置分别双击鼠标，增加 3 个节点，分别是肩颈点和中点。矩形上边端点是两个肩端点。在矩形左右两边相应位置分别增加两个节点，作为袖窿深位置。

✐ **02** 利用"形状工具" ▶ ，选中肩端点。按住 Ctrl 键，将两个节点向下拖至 7cm 处，形成落肩。

✐ **03** 利用"形状工具" ▶ ，向下拖动领口中点，形成领口形状。

✐ **04** 选中袖窿直线和衣身直线，通过属性栏中的"转换为曲线"选项，将其转换为曲线。拖动鼠标使曲线为袖窿和衣身形状，如图 3-110 所示。

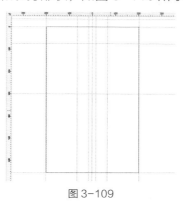

图 3-109　　　　　　　　　图 3-110

◇ **3. 绘制门襟、领子和双线**

利用"贝塞尔工具" ▶ 和"形状工具" ▶ ，分别绘制领子、门襟和肩、袖窿处的双线，如图 3-111 所示。

◇ **4. 绘制袖子**

利用"贝塞尔工具" ▶ ，参照肩端点、袖子长度、袖口宽度、袖窿深度点等绘制一个封闭矩形作为袖子基本形，在袖口处再绘制一个小矩形作为袖头。利用"形状工具" ▶ ，将相关线条转换为曲线，并弯曲为袖子造型，绘制袖开衩，如图 3-112 所示。

图 3-111　　　　　　　　　图 3-112

◇ **5. 绘制扣子**

利用"椭圆形工具" ○ ，同时按住 Ctrl 键，绘制门襟扣子和袖开衩的扣子，如图 3-113 所示。

◇ **6. 加粗轮廓**

利用"选择工具" ▶ 选中所有轮廓图形，单击"对象属性"对话框中的轮廓选项，设置轮廓宽度为

3.5mm，加粗轮廓效果如图 3-114 所示。

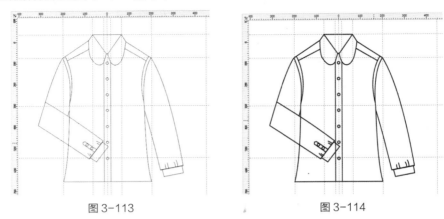

图 3-113　　　　　　　　　　图 3-114

📎 7. 填充颜色

利用"选择工具" 🔲 选中衣身图形，单击调色板中的月光绿色，为衣身填充月光绿色。利用同样的方法，为领口、门襟及袖口填充黄色，通过"对象属性"对话框中的渐变填充选项，为扣子填充正方形渐变，如图 3-115 所示。

图 3-115

🖊 3.2.5　插肩袖的设计与表现

插肩袖是由平装袖演变而来的一种袖型，它与平装袖的区别首先表现在袖窿线的变化，插肩袖的袖窿线被延伸到人体颈部位置，让服装的肩与袖连成一片，从而使袖身显得比较修长。插肩袖与平装袖的区别还表现在袖身的合成，平装袖多由一片袖片合成，而插肩袖则由两片或两片以上的袖片合成，这为插肩袖的变化提供了更大的空间。

像平装袖一样，通过袖身的长短变化和对袖头的装饰可以产生许多不同款式的插肩袖。不仅如此，还可以用改变插肩袖袖窿的位置、形态，或对插肩袖袖身的结构线进行进一步加工，以增加结构性的装饰效果，或者利用插肩袖袖身的结构变化改变袖身造型，都可以使插肩袖产生更大的变化，如图 3-116 所示。

📎 1. 设置原点和辅助线，绘制外框

参照前述方法设置原点和辅助线。利用"矩形工具" 🔲，绘制一个矩形，同时单击属性栏中的"转换为曲线"图标 ⟳，将其转换为曲线图形，如图 3-117 所示。

2．绘制衣身

01　利用"形状工具" ，在矩形中心两侧 14cm 处分别双击鼠标，增加两个节点，作为肩颈点，矩形上边端点是两个肩端点，肩颈点之间的线段是领口线。

02　利用"形状工具" 选中肩端点。按住 Ctrl 键，将两个节点向下拖至 5cm 处，形成落肩。利用"形状工具" ，在矩形竖边 32cm 处双击鼠标增加节点，标记袖窿深度。

03　利用"形状工具" 选中领口线，再单击属性栏中的"转换为曲线"图标 ，拖动曲线，使其向下弯曲形成领口形状。

04　利用"形状工具" ，按住 Ctrl 键，拖住矩形下面两个端点，分别向外移动 6cm，形成下摆扩张形状，如图 3-118 所示。

图 3-116

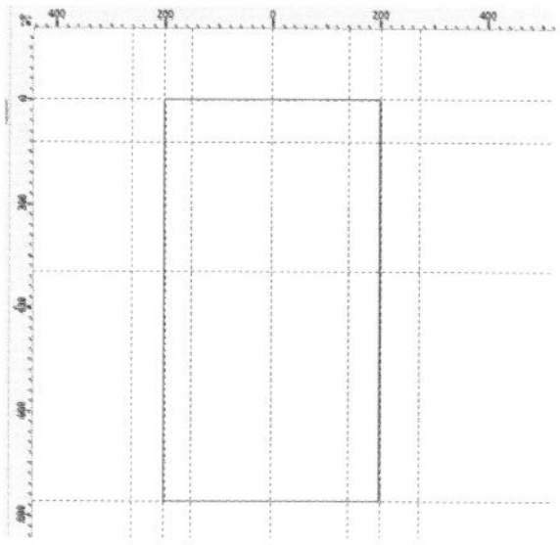

图 3-117

图 3-118

3．绘制领子和门襟

利用"贝塞尔工具" 和"形状工具" ，分别绘制领子和门襟，如图 3-119 所示。

4．绘制袖子

01　利用"贝塞尔工具" ，沿着肩颈点、肩端点、袖子长度、袖口宽度、袖窿深度点、插肩位置等绘制一个封闭图形作为袖子基本形。

02　利用"形状工具" ，将相关线条转换为曲线，并弯曲为袖子造型。

03　利用"形状工具" ，拖动相关线条，使其符合设计造型。利用删除虚拟线段工具，分别删除多余的线段，如图 3-120 所示。

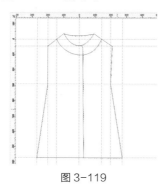

图 3-119

图 3-120

5．绘制明线

利用"贝塞尔工具" 和"形状工具" ，分别绘制领口、门襟、衣身处的明线，如图 3-121 所示。

6．绘制扣子

利用"椭圆形工具" ，同时按住 Ctrl 键，绘制门襟扣子，如图 3-122 所示。

7．加粗轮廓

利用"选择工具" 选中所有图形，单击"对象属性"对话框中的轮廓选项，设置轮廓宽度为 4.0mm，如图 3-123 所示。

图 3-121   图 3-122   图 3-123

8. 填充颜色

利用"选择工具" 选中衣身图形，单击调色板中的深粉色，为衣身填充深粉色。利用同样的方法，为领口填充为热粉色，通过"对象属性"对话框中的渐变填充选项，为扣子填充正方形渐变，如图 3-124 所示。其他常见插肩袖款式如图 3-125 所示。

图 3-124   图 3-125

3.2.6   圆装袖的设计与再现

圆装袖也是袖片与衣片分开裁剪的袖型，袖身一般由大小两片袖片缝合而成，袖窿线在人体肩关节处。与其他袖型相比较，圆装袖的袖窿围度最小，西装袖是典型的圆装袖，其造型接近人体手臂，且圆润而流畅，能给人端庄、优雅的审美感受。

在各类型的袖中，圆装袖是最富于变化的袖型。以圆装袖为基本型，夸张其袖山或袖身可以变化出许多造型新颖的袖型。用电脑设计和再现圆装袖，应注意刻画出袖山和袖身的特征，如图 3-126 所示。

图 3-126

1. 设置原点和辅助线，绘制外框

参照前述方法设置原点和辅助线。参照辅助线，利用"矩形工具" ，绘制一个矩形，同时单击属

性栏中的"转换为曲线"图标，将其转换为曲线图形，如图 3-127 所示。

2. 绘制衣身

01 利用"形状工具"，在矩形周边增加相应节点。利用"形状工具"，移动相关节点，使其形成衣身形状，如图 3-128 所示。

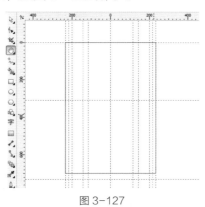
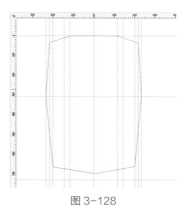

图 3-127　　　　　　　　　　　　　　　　　图 3-128

02 利用"形状工具"，将领口线弯曲为曲线领口。利用"贝塞尔工具"，绘制门襟造型。

03 选中袖窿直线和衣身直线，单击属性栏中的"转换为曲线"图标，将其转换为曲线。拖动鼠标使曲线为袖窿和衣身形状，如图 3-129 所示。

3. 绘制袖子

利用"贝塞尔工具"，沿着肩端点、腰节点、袖子长度、袖口宽度、袖窿深度点等绘制一个封闭袖子形状，同时在袖子内部绘制一条与袖中线平等的直线，作为袖接线，如图 3-130 所示。

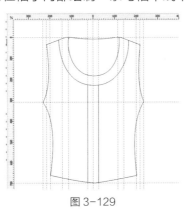

图 3-129　　　　　　　　　　　　　　　　　图 3-130

4. 绘制明线和扣子

利用"贝塞尔工具"和"形状工具"，分别绘制领口、门襟、衣身、袖子处的虚线明线。利用"椭圆形工具"，同时按住 Ctrl 键，绘制扣子，如图 3-131 所示。

5. 加粗轮廓

利用"选择工具"选中所有图形，单击"对象属性"对话框中的轮廓选项，设置轮廓宽度为 3.5mm，如图 3-132 所示。

6. 填充颜色

利用"选择工具"选中衣身图形，单击调色板中的深蓝光紫色，为衣身填充深蓝光紫色。利用同样的方法，为衣服里面填充浅蓝光紫色，通过"对象属性"对话框中的"渐变填充"选项，为扣子填充正方形渐变，如图 3-133 所示。其他常见圆装袖款式如图 3-134 所示。

图 3-131

图 3-132

图 3-133

图 3-134

3.3 门襟的设计与表现

门襟即服装在人体前部或背部的开口,它们不仅使服装穿脱方便,也常常是重要的服装装饰部位。

3.3.1 门襟的设计要点

门襟的结构要与领子的结构相适应。门襟总是与领子连在一起的,如果门襟的结构不能与领子相适应,会给服装的制作带来极大的麻烦,最终必然也会影响设计效果。

被门襟分割的衣片要有美的比例。美的比例是人们对服装造型设计的基本要求之一。门襟对衣片有纵向分割的视觉效果,在设计门襟的长短、位置时要注意使被分割的衣片与衣片之间保持美的比例。

对门襟的装饰要注意与服装的整体风格协调。应用于门襟的装饰手法很多,由于门襟总是处于人体的正前方,应用于门襟的装饰手法会对服装的整体风格造成一定影响,如用辑明线的装饰手法会使服装显得粗犷,包边会使服装显得精致。如果能让应用于门襟的装饰与服装整体风格协调,服装的设计效果会显得更加和谐。

3.3.2 门襟的设计与表现

门襟的设计主要是通过改变门襟的位置、长短,以及门襟线的形态实现的。位置处于人体前部正中的门襟叫正开襟,偏离人体中线的门襟叫偏开襟,正开襟能给人平衡、稳重的审美感受,而偏开襟则显得比较活泼。贯通全部衣片的门襟叫通开襟,门襟的开口仅是衣片长度的一部分叫半开襟。一般情况下,直开襟较半开襟的变化更丰富。垂直线是门襟最常见的形态,叫直开襟,斜线门襟叫斜开襟,不规则弧线门襟在现代服装设计中也可以见到,设计时可以根据需要选择。

门襟在着装时大多呈封闭状态，称为系合，因此门襟的系合方式就成了门襟设计的重要内容。系合门襟的方法很多，可以是纽扣系合、袢带系合和拉链系合。而无论用什么方法封闭，门襟的结构都必须与之协调，如门襟的左右相互重叠时，可以用一般的圆纽扣系合。这时纽扣的中心应落在门襟的中心线上。如果门襟的左右不是相互重叠而是左右对拼，在表面用一般的圆纽扣系合就不太适当，采用袢带、拉链和中式传统布纽扣来系合比较好。

用电脑设计和表现门襟时，也必须将门襟的结构以及与之相适应的纽扣、袢带或拉链准确地表达出来。下面分别介绍几种封闭门襟的画法。

3.3.3 普通圆纽扣叠门襟

普通圆纽扣叠门襟款式图，如图 3-135 所示。

1. 设置原点和辅助线，绘制外框

参照前述方法设置原点和辅助线。参照辅助线，利用"矩形工具"，在适当的位置绘制一个矩形，同时单击属性栏中的"转换为曲线"图标，将其转换为曲线图形，如图 3-136 所示。

2. 绘制衣身

利用"形状工具"，在矩形周边增加相应节点。利用"形状工具"，将领口直线转换为曲线，拖动曲线，使其弯曲为领口形状。利用"形状工具"，拖动相关节点，使其形成衣身形状，如图 3-137 所示。

 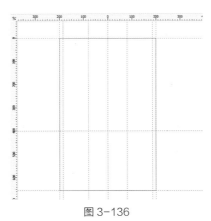 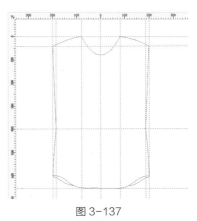

图 3-135　　　　　图 3-136　　　　　图 3-137

3. 绘制门襟和扣子

01 利用"贝塞尔工具"，在中心线 2cm 处绘制一条竖向直线，作为门襟线。

02 利用"椭圆形工具"，同时按住 Ctrl 键，绘制一个圆形，通过"变换"对话框中的大小选项，设置其宽度、高度均为 2.5cm，单击"应用"按钮，并填充线性渐变，按住 Shift 键，拖动圆形使其缩小，释放鼠标左键，同时单击鼠标右键，复制圆形，单击属性栏中的"水平翻转"图标，使其水平翻转。利用"选择工具"，选择扣子图形，向下拖动释放鼠标左键，同时单击鼠标右键，复制扣子，接着按 Ctrl+R 键数次复制扣子，如图 3-138 所示。

4. 加粗轮廓

利用"选择工具"选中所有图形，单击"对象属性"对话框中的轮廓选项，设置轮廓宽度为 3.4mm，添加效果如图 3-139 所示。

5. 填充颜色

利用"选择工具"选中衣身图形，单击调色板中的冰蓝色，为衣身填充冰蓝色。利用同样的方法，为衣服里面填充浅蓝绿色，如图 3-140 所示。

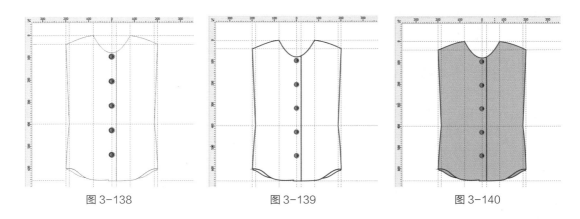

图 3-138   图 3-139   图 3-140

3.3.4 中式布纽扣对襟

中式布纽扣对襟款式图，如图 3-141 所示。

1. 设置原点和辅助线，绘制外框

参照前述方法设置原点和辅助线。参照辅助线，利用"矩形工具" 🔲，在适当的位置绘制一个矩形，同时单击属性栏中的"转换为曲线"图标 ⊙，将其转换为曲线图形，如图 3-142 所示。

2. 绘制衣身

利用"形状工具" 🔥，在矩形周边增加相应节点。利用"形状工具" 🔥，将领口直线转换为曲线，拖动曲线，使其弯曲为领口形状。利用"形状工具" 🔥，拖动相关节点，使其形成衣身形状，如图 3-143 所示。

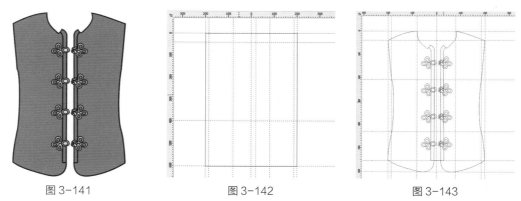

图 3-141   图 3-142   图 3-143

3. 绘制门襟和扣子

01 利用"贝塞尔工具" 🖊 和"形状工具" 🔥，绘制门襟线和布纽扣，如图 3-144 所示。

02 利用"选择工具" ▶ 选择扣子组合，单击属性栏中的"群组"图标 🔳，将其群组。向下拖动释放鼠标左键，同时单击鼠标右键，复制扣子，接着按 Ctrl+R 键两次复制扣子，如图 3-145 所示。

4. 加粗轮廓

利用"选择工具" ▶ 选中所有图形，单击"对象属性"对话框中的轮廓选项，设置轮廓宽度为 3.4mm，单击"应用"按钮。利用同样的方法，设置纽扣的轮廓宽度为 2.5mm，如图 3-146 所示。

5. 填充颜色

利用"选择工具" ▶ 选中衣身图形，单击调色板中的浅绿色，为衣身填充浅绿色。利用同样的方法，为布纽扣填充浅黄色，如图 3-147 所示。

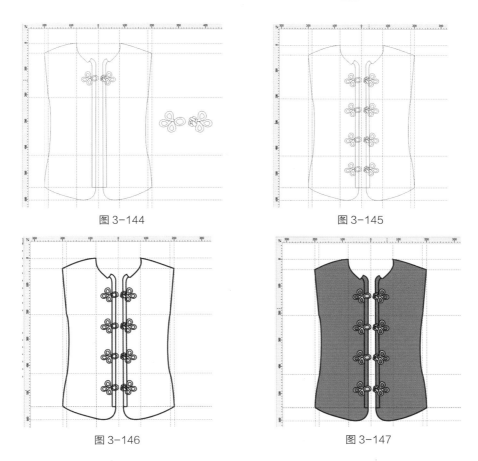

图 3-144　　　　　　　　　　　　图 3-145

图 3-146　　　　　　　　　　　　图 3-147

3.3.5　拉链门襟

拉链门襟款式图，如图 3-148 所示。

1. 设置原点和辅助线，绘制外框

参照前述方法设置原点和辅助线。参照辅助线，利用"矩形工具" □，在适当的位置绘制一个矩形，同时单击属性栏中的"转换为曲线"图标 ○，将其转换为曲线图形，如图 3-149 所示。

图 3-148　　　　　　　　　　　　图 3-149

2. 绘制衣身

01　利用"形状工具" ，在矩形周边增加相应节点。利用"形状工具" ，将领口直线转换为曲线，

拖动曲线，使其弯曲为领口形状。

✐ 02   利用"形状工具" ▨，拖动相关节点，使其形成衣身形状，如图 3-150 所示。

◈ **3. 绘制拉链**

✐ 01   利用"贝塞尔工具" ▨，在衣身中心绘制两条竖线作为拉链外框，如图 3-151 所示。

✐ 02   利用"矩形工具" ▨，绘制一个矩形，通过"变换"对话框中的大小选项，设置宽度为 1.8cm，高度为 0.6cm，并为其填充线性渐变。

✐ 03   利用"选择工具" ▨选中该矩形，通过"变换"对话框中的大小选项，再制一个矩形，将其移动到原矩形右下方，和其交错排列。

✐ 04   利用"选择工具" ▨选择两个矩形，单击属性栏中的"群组"图标 ▨，将其群组，作为拉链的一个链齿组，如图 3-152 所示。

✐ 05   通过"变换"对话框中的位置选项，设置水平距离为 0cm、垂直距离为 1.2cm，单击"应用"按钮，这时又绘制了一个链齿组。利用同样的方法，连续绘制，直到排满门襟线为止。

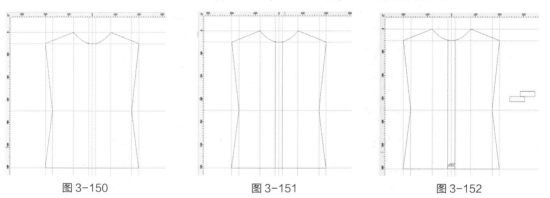

图 3-150   图 3-151   图 3-152

✐ 06   利用"贝塞尔工具" ▨ 和"形状工具" ▨，绘制拉链的拉手，并将其放置在拉链上端。利用"矩形工具" ▨，绘制拉链下端头，并将其放置在拉链下端，如图 3-153 所示。

◈ **4. 加粗轮廓**

利用"选择工具" ▨，选中除拉链以外的所有图形，单击"对象属性"对话框中的轮廓选项，设置轮廓宽度为 3.4mm，单击"应用"按钮。选中拉链，设置轮廓宽度为 1.7mm，单击"应用"按钮，如图 3-154 所示。

◈ **5. 填充颜色**

利用"选择工具" ▨选中衣身图形，单击调色板中的蓝色，为衣身填充蓝色，通过"对象属性"对话框中的渐变填充选项，为拉链和拉链手填充线性渐变填充，如图 3-155 所示。

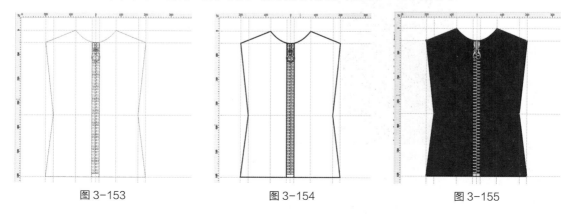

图 3-153   图 3-154   图 3-155

3.3.6 带袢门襟

带袢门襟款式图，如图 3-156 所示。

1. 设置原点和辅助线，绘制外框

参照前述方法设置原点和辅助线。参照辅助线，利用"矩形工具" ，在适当的位置绘制一个矩形，同时单击属性栏中的"转换为曲线"图标 ，将其转换为曲线图形，如图 3-157 所示。

2. 绘制衣身

01 利用"形状工具" ，在矩形周边增加相应节点。利用"形状工具" ，将领口直线转换为曲线，拖动曲线，使其弯曲为领口形状。

02 利用"形状工具" ，拖动相关节点，使其形成衣身形状，如图 3-158 所示。

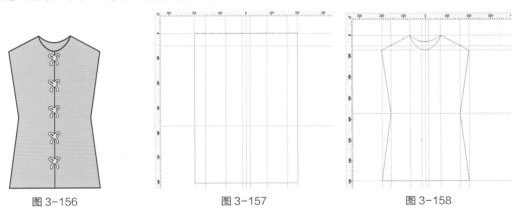

图 3-156   图 3-157   图 3-158

3. 绘制带袢门襟

01 利用"贝塞尔工具" 绘制一条中心线，作为门襟线，如图 3-159 所示。

02 单击工具箱中的"艺术笔工具" ，利用属性栏中的预设工具，如图 3-160 所示，绘制如图 3-161 所示的打结带袢，并调整大小。

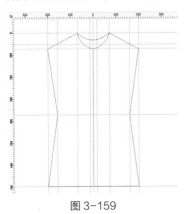

图 3-159

图 3-160

03 通过"变换"对话框中的大小选项，再制数个打结带袢，并将其逐个放置在门襟线上的适当位置，如图 3-162 所示。

4. 加粗轮廓

利用"选择工具" ，选中除带袢以外的所有图形，单击"对象属性"对话框中的轮廓选项，设置轮廓宽度为 3.5mm，单击"应用"按钮。选中带袢图形，为其设置轮廓宽度为 1.7mm，单击"应用"按钮，如图 3-163 所示。

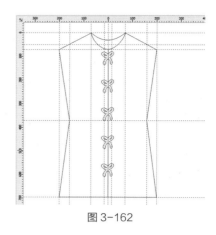

图 3-161 · · · · · · · · · · · · · · · · · · · 图 3-162

5. 填充颜色

利用"选择工具" 选中衣身图形，单击调色板中的粉色图标，为衣身填充粉色。利用同样的方法，为带祥扣子填充白黄色，如图 3-164 所示。

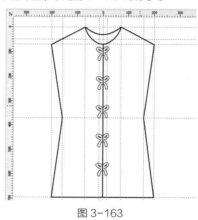
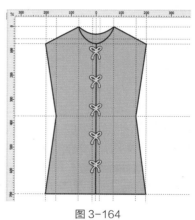

图 3-163 · · · · · · · · · · · · · · · · · · · 图 3-164

3.3.7 明门襟

明门襟款式图，如图 3-165 所示。

1. 设置原点和辅助线，绘制外框

参照前述方法设置原点和辅助线。参照辅助线，利用"矩形工具" ，在适当的位置绘制一个矩形，同时单击属性栏中的"转换为曲线"图标 ，将其转换为曲线图形，如图 3-166 所示。

2. 绘制衣身

01 利用"形状工具" ，在矩形周边增加相应节点。利用"形状工具" ，将领口直线转换为曲线，拖动曲线，使其弯曲为领口形状。

02 利用"形状工具" ，拖动相关节点，使其形成衣身形状，如图 3-167 所示。

3. 绘制门襟和扣子

01 利用"矩形工具" ，在衣身中心线处绘制一个竖向矩形，作为门襟。利用"贝塞尔工具" 和"形状工具" ，绘制门襟两侧的花边图形，如图 3-168 所示。

02 利用"椭圆形工具" ，同时按住 Ctrl 键，绘制一个圆形，通过"变换"对话框中的大小选项，设置其宽度、高度均为 1.5cm，单击"应用"按钮。利用"选择工具" ，将其向下移动适当距离，作为第二个扣子。利用同样的方法，绘制其他扣子，如图 3-169 所示。

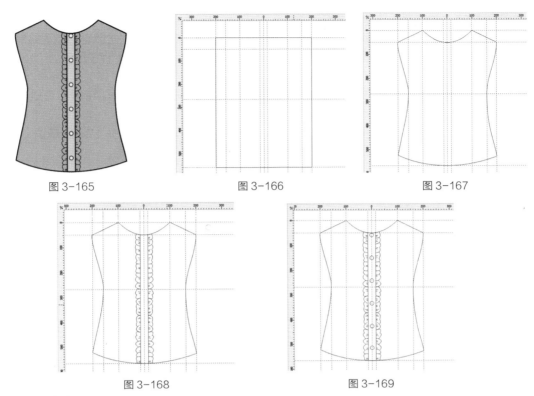

| 图 3-165 | 图 3-166 | 图 3-167 |

图 3-168　　　　　　　　　　　　图 3-169

4．加粗轮廓

利用"选择工具" ，选中除扣子和花边以外的所有图形，单击"对象属性"对话框中的轮廓选项，设置轮廓宽度为 3.5mm，单击"应用"按钮。选中扣子和花边图形，为其设置轮廓宽度为 1.7mm，如图 3-170 所示。

5．填充颜色

利用"选择工具" 选中衣身图形，单击调色板中的土黄色图标，为衣身填充土黄色。选中衣身的门襟，选择调色板中的沙黄色，为门襟填充沙黄色。通过"对象属性"对话框中的渐变填充选项，为扣子填充辐射渐变，如图 3-171 所示。

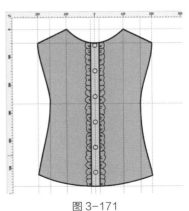

图 3-170　　　　　　　　　　　　图 3-171

3.3.8　暗门襟

暗门襟款式图，如图 3-172 所示。

1. 设置原点和辅助线，绘制外框

参照前述方法设置原点和辅助线。参照辅助线，利用"矩形工具" ，在适当的位置绘制一个矩形，同时单击属性栏中的"转换为曲线"图标 ，将其转换为曲线图形，如图 3-173 所示。

2. 绘制衣身

01　利用"形状工具" ，在矩形周边增加相应节点。利用"形状工具" ，将领口直线转换为曲线，拖动曲线，使其弯曲为领口形状。

02　利用"形状工具" ，拖动相关节点，使其形成衣身形状，如图 3-174 所示。

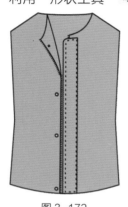
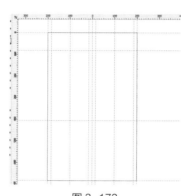
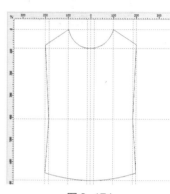

图 3-172　　　　　　　图 3-173　　　　　　　图 3-174

3. 绘制门襟、扣子和拉链

01　利用"矩形工具" ，在衣身右侧绘制一个竖向矩形，单击属性栏中的"转换为曲线"图标 ，将其转换为曲线图形，利用"形状工具" 调整矩形相关节点，使其形成右侧门襟形状。利用"贝塞尔工具" 和"形状工具" ，在衣身左侧绘制左侧门襟，如图 3-175 所示。

02　利用"椭圆形工具" ，绘制门襟里面的扣子，利用"矩形工具" ，绘制两侧的拉链，如图 3-176 所示。

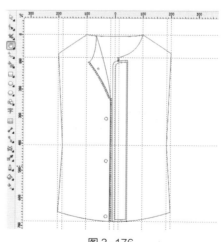

图 3-175　　　　　　　　　图 3-176

4. 加粗轮廓

利用"选择工具" ，选中除虚线以外的所有图形，单击"对象属性"对话框中的轮廓选项，设置轮廓宽度为 3.5mm，单击"应用"按钮。选中虚线图形，为其设置轮廓宽度为 2mm，如图 3-177 所示。

5. 填充颜色

利用"选择工具" 选中衣身图形，单击调色板中的金色图标，为衣身填充金色。利用同样的方法，

为拉链填充黑色，通过"对象属性"对话框中的渐变填充选项，为扣子填充辐射渐变，如图 3-178 所示。

图 3-177

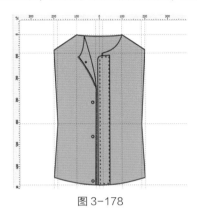

图 3-178

3.3.9　斜门襟

斜门襟款式图，如图 3-179 所示。

1. 设置原点和辅助线，绘制外框

参照前述方法设置原点和辅助线。参照辅助线，利用"矩形工具"，在适当的位置绘制一个矩形，同时单击属性栏中的"转换为曲线"图标，将其转换为曲线图形，如图 3-180 所示。

2. 绘制衣身

01　利用"形状工具"，在矩形周边增加相应节点。利用"形状工具"，将领口直线转换为曲线，拖动曲线，使其弯曲为领口形状。

02　利用"形状工具"，拖动相关节点，使其形成衣身形状，如图 3-181 所示。

图 3-179

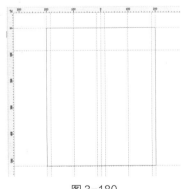

图 3-180

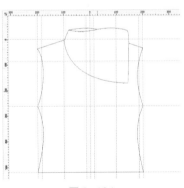

图 3-181

3. 绘制门襟和褶皱

01　利用"贝塞尔工具"和"形状工具"，按照图示绘制门襟和衣领、袖窿处的褶皱，如图 3-182 所示。

02　利用"椭圆形工具"，同时按住 Ctrl 键，绘制一个圆形，利用"贝塞尔工具"，绘制扣子中间的明线，将扣子图形全部选中，单击属性栏中的"群组"图标，将其群组后放置在斜门襟线的上部，作为第一个扣子。

03　利用"选择工具"选中扣子，通过"变换"对话框中的大小选项，单击"应用"按钮，原位再制一个扣子组合。利用"选择工具"，将其向下移动适当距离，作为第二个扣子。利用同样的方法，绘制其他扣子，如图 3-183 所示。

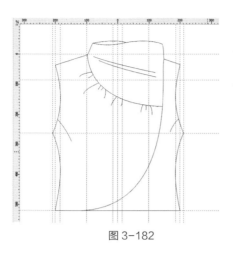

图 3-182

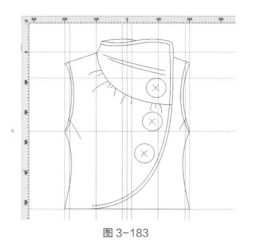

图 3-183

4. 加粗轮廓

利用"选择工具"，选中除扣子和花边以外的所有图形，单击"对象属性"对话框中的轮廓选项，设置轮廓宽度为 3.5mm，单击"应用"按钮。选中扣子和虚线图形，为其设置轮廓宽度为 1.7mm，如图 3-184 所示。

5. 填充颜色

利用"选择工具"，选中衣身图形，单击调色板中的紫色图标，为衣身填充紫色。利用同样的方法，选择扣子图形，单击调色板中的沙黄色图标，填充沙黄色，如图 3-185 所示。

图 3-184

图 3-185

3.4 口袋的设计与表现

口袋在服装设计中运用很广泛，它不仅能提高服装的实用功能，也常常是装饰服装的重要元素。

3.4.1 口袋的设计要点

1. 方便实用

具有实用功能的口袋一般都是用来放置小件物品的。因此，口袋的朝向、位置和大小都要方便手的操作。

2. 整体协调

口袋的大小和位置都可能与服装的相应部位产生对比关系。因此，设计口袋的大小和位置时，要注意使其与服装的相应部位的大小、位置协调。运用于口袋的装饰手法也很多，在对口袋做装饰设计时，也要注意所采用的装饰手法与整体风格协调。

另外，口袋的设计还要结合服装的功能要求和材料特征一起考虑。一般情况下，表演服、专业运动服，以及用柔软、透明材料制作的服装无须设计口袋，而制服、旅游服，或用粗厚材料制作的服装则可以设计口袋以增强它们的功能性和审美性。

3. 口袋分类

根据口袋的结构特征，口袋可以分为贴袋、挖袋和插袋 3 种类型。不同类型的口袋设计方法与表现方法也会有较大的不同。

学会用电脑画上述服装局部的画法，画口袋就十分容易了，因此这里仅介绍画口袋的一般步骤，供大家学习时参考。

3.4.2　外贴袋的设计与表现

贴袋是贴缝在服装表面的口袋，是所有口袋中造型变化最丰富的一类。用电脑设计和表现贴袋除了要注意准确地画出贴袋在服装中的位置和基本形态以外，还要注意准确地画出贴袋的缝制工艺和装饰工艺的特征。

绘制贴袋的一般步骤是：设置原点和辅助线、绘制框图、绘制外轮廓、绘制袋盖、绘制内部分割线、绘制明线、加粗轮廓、填充颜色等。下面以如图 3-186 所示的贴袋款式图为例，讲述贴袋的数字化绘制方法。

1. 设置原点和辅助线，绘制外框

参照前述方法设置原点和辅助线。参照辅助线，利用"矩形工具" ☐，在适当的位置绘制一个宽度为 15cm、高度为 17cm 的矩形，同时单击属性栏中的"转换为曲线"图标 ⊙，将其转换为曲线图形，如图 3-187 所示。

2. 绘制外形

利用"贝塞尔工具" ↘ 和"形状工具" ↘，拖动相关节点，使其形成口袋形状，如图 3-188 所示。

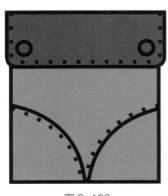

图 3-186

图 3-187

图 3-188

3. 绘制分割线和圆孔

利用"贝塞尔工具" ↘ 和"形状工具" ↘，绘制内部款式分割线条和圆孔，如图 3-189 所示。

4. 绘制明线

利用"贝塞尔工具" ↘ 和"形状工具" ↘，绘制明线基本线，同时通过属性栏中的轮廓选项，设置线形为虚线，如图 3-190 所示。

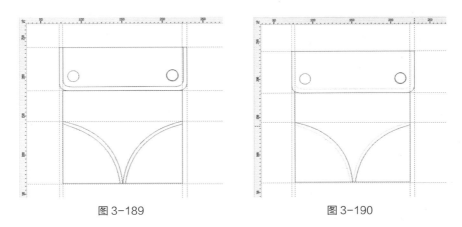

图 3-189   图 3-190

5. 加粗轮廓

利用"选择工具" 选中所有图形，单击"对象属性"对话框中的轮廓选项，设置轮廓宽度为3.5mm，单击"应用"按钮，加粗轮廓线，如图 3-191 所示。

6. 填充颜色

利用"选择工具" 选中口袋图形，单击调色板中的灰色图标，为口袋填充灰色。利用同样的方法，为兜盖填充紫色，如图 3-192 所示。

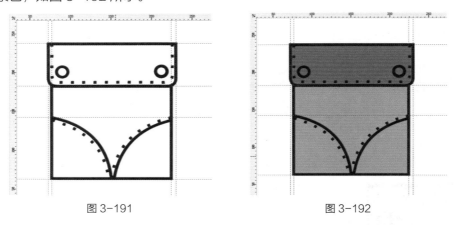

图 3-191   图 3-192

掌握了贴袋的基本画法，就可以自由地进行贴袋设计了，常见贴袋的造型如图 3-193 至图 3-195 所示。

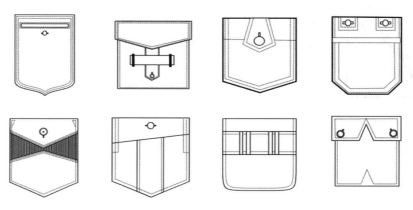

图 3-193

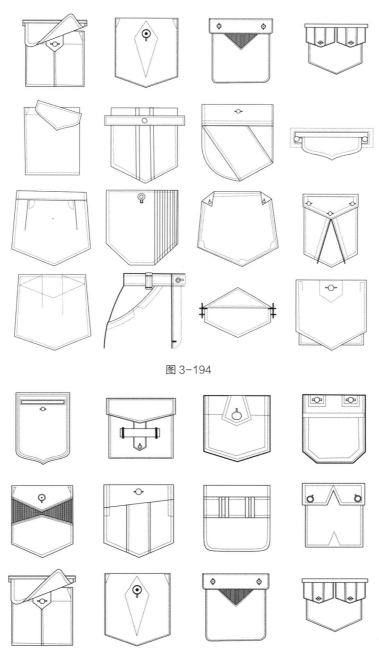

图 3-194

图 3-195

3.4.3　内挖袋的设计与表现

　　挖袋的袋口开在服装的表面，而袋却藏在服装的里层。服装表面的袋口可以显露，也可以用袋盖掩饰。

　　挖袋的造型变化比贴袋简单，重点在袋口或袋盖的装饰，因此设计和表现挖袋也主要是画好挖袋袋口或袋盖在服装中的位置、基本形态以及缝制和装饰袋口、袋盖的工艺特征。

　　绘制挖袋的一般步骤：首先画出挖袋口的形状与大小，然后画出袋口的缝纫线迹，最后用虚线绘制挖袋布的形状与大小。下面讲述挖袋的数字化绘制方法，如图 3-196 所示。

🖊 1. 设置原点和辅助线，绘制虚线袋布

🖋 **01** 参照前述方法设置原点和辅助线。参照辅助线，利用"矩形工具" ▣ ，在适当的位置绘制一个宽度为 20cm、高度为 22cm 的矩形，同时单击属性栏中的"转换为曲线"图标 ⚙ ，将其转换为曲线图形，如图 3-197 所示。

🖋 **02** 利用"形状工具" ⬚ ，向内移动上口节点 1cm。通过双击鼠标，在袋布下部两侧 20cm 处各增加一个节点，将下端两侧节点各向内移 1cm，单击属性栏中的"转换为曲线"图标 ⚙ ，将两段斜直线转换为曲线，并将其分别弯曲为圆角。通过属性栏中的轮廓选项，将其改为虚线，如图 3-198 所示。

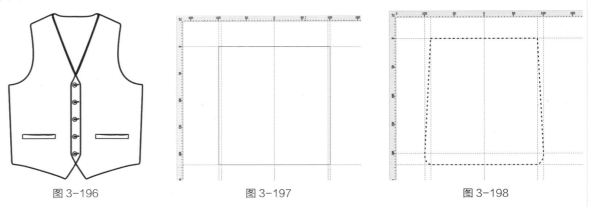

图 3-196   图 3-197   图 3-198

🖊 2. 绘制袋口
利用"矩形工具" ▣ ，在布袋上部绘制一个宽度为 15cm、高度为 20cm 的矩形。利用"贝塞尔工具" ⬚ ，在矩形内部绘制曲线，如图 3-199 所示。

🖊 3. 绘制袋口虚线
利用"矩形工具" ▣ ，在袋口外围绘制一个矩形，通过"对象属性"对话框中的轮廓选项，设置轮廓线型为虚线，如图 3-200 所示。

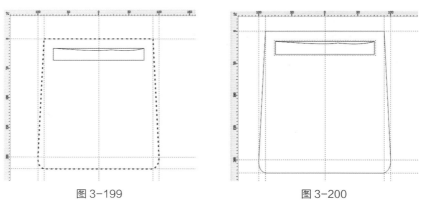

图 3-199   图 3-200

🖊 4. 加粗轮廓
利用"选择工具" ⬚ 选中所有图形，单击"对象属性"对话框中的轮廓选项，设置轮廓宽度为 1.5mm，单击"应用"按钮。利用同样的方法设置袋口轮廓宽度为 3.5mm，如图 3-201 所示。

🖊 5. 填充颜色
利用"选择工具" ⬚ 选中袋布图形，单击调色板中的浅灰色图标，为袋布填充浅灰色。利用同样的方法，为袋口图形填充浅蓝色，如图 3-202 所示。

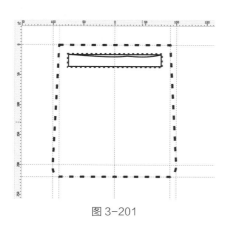

图 3-201

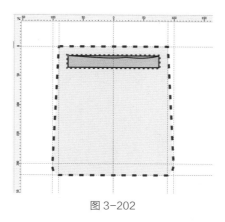

图 3-202

掌握了挖袋的基本画法，就可以自由地进行挖袋设计了，常见的挖袋如图 3-203 所示。

图 3-203

3.4.4 插袋的设计与表现

利用衣片的缝子为袋口形成的口袋称为插袋。插袋袋口比较隐蔽，是口袋中造型变化最小的一类。插袋的画法很简单，关键是要注意利用袋口两头的封口表现袋的位置与大小。

绘制插袋的一般步骤：先在服装缝合线的适当位置用封口形式表现袋的位置与大小，然后用缝纫线迹加固袋口。下面介绍插袋的数字化绘制方法，如图 3-204 所示。

1. 设置原点和辅助线，绘制相关服装基本形状

参照前述方法设置原点和辅助线。参照辅助线，利用"贝塞尔工具" 、"形状工具" 和"椭圆形工具" ，绘制上衣和短裤的基本形状，如图 3-205 所示。

2. 绘制袋口

利用"贝塞尔工具" ，绘制上衣袋袋口和短裤的插袋袋口，如图 3-206 所示。

图 3-204

图 3-205

3. 绘制袋口明线

利用"贝塞尔工具" ，绘制插袋的相关明线，通过"对象属性"对话框中的轮廓选项，设置轮廓线型为虚线，如图 3-207 所示。

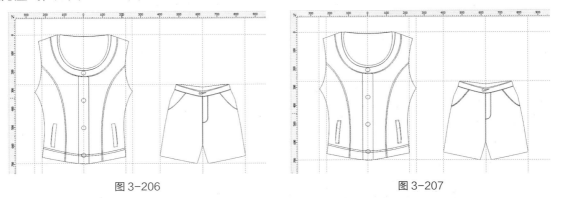

图 3-206   图 3-207

4. 加粗轮廓

利用"选择工具" 选中插袋图形，单击"对象属性"对话框中的轮廓选项，设置轮廓宽度为 2mm，单击"应用"按钮。利用同样的方法设置上衣和短裤轮廓宽度为 3.5mm，如图 3-208 所示。

5. 填充颜色

利用"选择工具" 选中衣身和短裤图形，单击调色板中的秋橘红色图标，为其填充秋橘红色。利用同样的方法，为扣子和袋口图形填充砖红色，如图 3-209 所示。

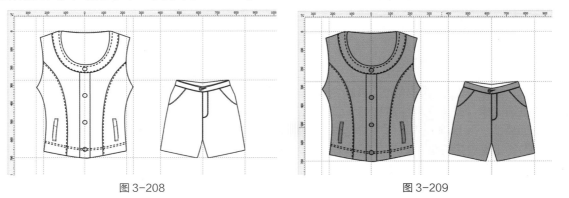

图 3-208   图 3-209

掌握了插袋的基本画法，就可以自由地进行插袋的设计了，常见的插袋如图 3-210 所示。

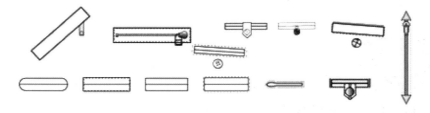

图 3-210

🪡 3.5   腰头的设计与表现

腰头有收缩腰部、吊起下装的功能，通常是袖子和裤子的设计重点。

3.5.1　腰头的设计要点

在批量生产的服装中，应尽可能运用流行元素设计腰头。由于腰头在下装中的特殊地位，下装的流行元素会反映在腰头的设计中。腰头的造型和装饰手法如果跟上流行，会大大提高产品的附加值。

腰头的造型和装饰手法要与下装的整体风格一致。不同造型或不同装饰手法的腰头会有不同的风格，如几何形设计的腰头会显得比较简洁、明朗；用任意形设计的腰头会显得比较丰富、含蓄；用明线装饰腰头会显得比较粗犷；用花边装饰腰头会显得比较优雅。让腰头造型和装饰手法与下装的整体风格协调起来，是追求服装整体和谐的重要原则之一。

3.5.2　腰头的设计与表现

目前常见的腰头造型主要有两大类，一类是几何形腰头，如用皮带抽缩的腰头；另一类是任意形腰头，如用松紧带抽缩的腰头。设计几何形的腰头可以变化腰头本身的造型并用腰带去装饰它们。设计任意形的腰头一般不变化腰头本身的造型，主要用改变腰头抽缩方式并用适当的袢带去装饰它们。

用电脑设计和再现腰头时，不仅要绘制腰头的造型特征，还要注意将与腰头相连的裙片或裤片的结构交代清楚。

3.5.3　西裤腰头的设计与表现

西裤腰头的款式图，如图 3-211 所示。

1. 设置原点和辅助线，绘制外框

参照前述方法设置原点和辅助线。参照辅助线，利用"矩形工具" ，绘制一个 30cm×4cm 的矩形，作为裤腰矩形，绘制一个 35cm×30cm 的矩形作为裤身矩形。单击属性栏中的"转换为曲线"按钮 ，将两个矩形转换为曲线图形，并将两个矩形对齐，如图 3-212 所示。

图 3-211

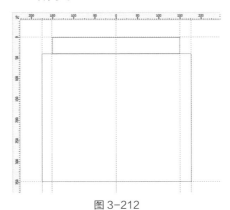

图 3-212

2. 绘制裤身

利用"形状工具" 选中图形，单击属性栏中的"转换为曲线"图标 ，将其转换为曲线。利用"形状工具" ，将大矩形直边弯曲为裤身形状。利用同样的方法将小矩形弯曲为腰的形状，如图 3-213 所示。

3. 绘制门襟和裤兜

利用"贝塞尔工具" 和"形状工具" ，在裤身中心绘制一条竖向直线，作为门襟开口线。在门襟开口线右侧，绘制门襟虚线明线。在裤身两侧绘制裤兜，如图 3-214 所示。

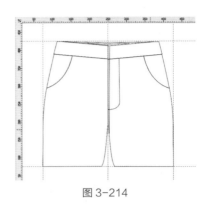

图 3-213　　　　　　　　　　　图 3-214

✎ **4. 绘制裤袢**

利用"矩形工具" ▣，在裤腰上绘制 4 个竖向小矩形，作为腰带袢。利用"贝塞尔工具" ✎ 和"形状工具" ✎，绘制腰带袢内部明线，如图 3-215 所示。

✎ **5. 绘制扣子**

利用"矩形工具" ▣、"椭圆形工具" ◯ 和"形状工具" ✎，绘制扣子图形，如图 3-216 所示。

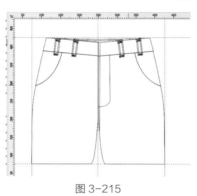

图 3-215　　　　　　　　　　　图 3-216

✎ **6. 加粗轮廓**

利用"选择工具" ▯选择裤身图形，单击"对象属性"对话框中的轮廓选项，设置轮廓宽度为 3.5mm，单击"应用"按钮。利用同样的方法设置腰带袢和虚线轮廓宽度为 1.5mm，如图 3-217 所示。

✎ **7. 填充颜色**

利用"选择工具" ▯选中裤身图形，单击调色板中的浅灰色图标，为其填充浅灰色。利用同样的方法，为裤腰和裤袢图形填充深灰色，如图 3-218 所示。

图 3-217　　　　　　　　　　　图 3-218

3.5.4 绳带抽缩腰头的设计与表现

绳带抽缩腰头款式图，如图 3-219 所示。

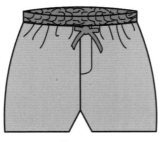

图 3-219

1. 设置原点和辅助线，绘制外框

参照前述方法设置原点和辅助线。参照辅助线，利用"矩形工具" □ ，绘制一个 30cm×4cm 的矩形作为裤腰矩形，绘制一个 40cm×30cm 的矩形作为裤身矩形。单击属性栏中的"转换为曲线"按钮，将两个矩形转换为曲线图形，并将两个矩形对齐，如图 3-220 所示。

2. 绘制裤身

01　利用"形状工具" 、，选中大矩形的左、右上角节点，向内移动节点与小矩形对齐，如图 3-221 所示。

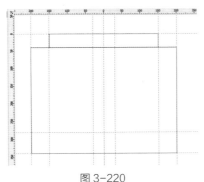

图 3-220

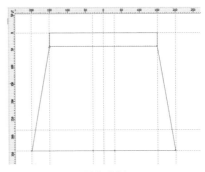

图 3-221

02　利用"形状工具" 、，参照辅助线，在梯形底边的中间部位增加 3 个节点。向上移动中间的节点，形成裤腿分档形状，如图 3-222 所示。

03　利用"形状工具" 、，选中大矩形左边，单击属性栏中的"转换为曲线"图标 ，将其转换为曲线。拖曳左边上部，使其符合裤身造型。利用同样的方法，将右边修画为与左边相同，如图 3-223 所示。

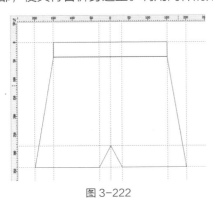

图 3-222

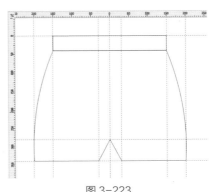

图 3-223

3. 绘制门襟

利用"贝塞尔工具"，在裤身中心绘制一条竖向直线，作为门襟开口线。在门襟开口线右侧，绘制门襟明线，如图 3-224 所示。

4. 绘制腰头

利用"形状工具"选中小矩形，单击属性栏中的"转换为曲线"图标，将其转换为曲线。拖曳上、下部，使其符合腰头造型，如图 3-225 所示。

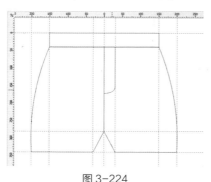
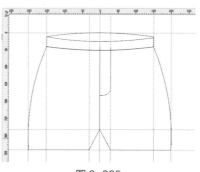

图 3-224   图 3-225

5. 绘制抽褶

01   利用"贝塞尔工具"，绘制绳带穿口和绳带抽缩形态。

02   为了抽褶形态的逼真，需要绘制抽褶线。利用"贝塞尔工具"和"形状工具"，按照抽褶形态的需要，绘制抽褶线。抽褶线有多条，只需绘制其中一条，其他通过再制、镜像翻转、移动位置即可，如图 3-226 所示。

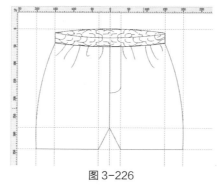

图 3-226

6. 绘制绳带

利用艺术笔工具的预设选项，通过选择笔触、调整笔触宽度，绘制绳带，如图 3-227 和图 3-228 所示。

图 3-227

图 3-228

7. 加粗轮廓

利用"选择工具" ⬚，选择裤身、裤腰图形，单击"对象属性"对话框中的轮廓选项，设置轮廓宽度为 3.5mm，单击"应用"按钮。利用同样的方法设置其他图形轮廓宽度为 2.5mm，如图 3-229 所示。

8. 填充颜色

利用"选择工具" ⬚，选择裤身图形，单击调色板中的粉蓝色图标，为其填充粉蓝色。利用同样的方法，为裤腰和绳带图形填充柔和蓝色，最终效果如图 3-230 所示。

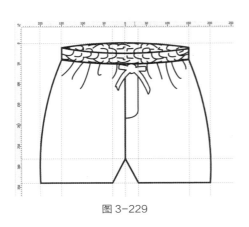

图 3-229

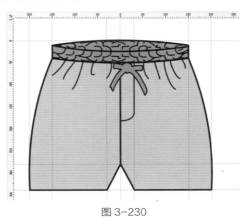

图 3-230

本章知识要点

- 西式裙款式图的绘制
- 鱼尾裙款式图的绘制
- 大摆裙款式图的绘制
- 分层裙款式图的绘制
- 多片裙款式图的绘制
- 连衣裙款式图的绘制

第 4 章
各种裙子款式的设计与表现

半截裙是常用的下装款式之一，与其他服装款式相比，半截裙结构简单、穿着方便，因此深受人们的喜爱。

半截裙的款式设计首先要注意处理好外形，不同外形的半截裙有明显不同的风格，如短裙轻松、长裙凝重、大喇叭裙活泼热情、鱼尾裙端庄优雅，而直筒裙则质朴大方。因此，设计半截裙时首先应该根据自己的设计意图将其外形确定下来。

外形确定以后，腰头的设计就成了设计者需要考虑的重要问题。因为腰头对半截裙风格的影响也比较大，如宽腰头会显得比较粗犷，细腰头会显得比较清秀，而用松紧带束起的腰头则显得比较悠闲。设计时应该结合半截裙的外形特点来考虑其腰头的造型，半截裙的腰头与其外形风格协调了，半截裙的整体风格才有可能充分地表现出来。

腰宽与下肢的长度是裙子外轮廓设计的依据，如以成人的腰宽为单位，超短裙的长度约为腰宽的 1.5 倍，中裙的长度约为腰宽的 2 倍，而长裙的长度则为腰宽的 2.5 倍，根据设计的需要，还可以进行调整，如图 4-1 所示。

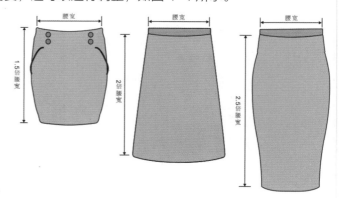

图 4-1

📑 4.1　西式裙款式图的绘制

裙子中对廓型影响大的部件不多。因此用电脑设计与表现裙子的款式可以在设计好裙子廓型后直接进行。腰头和门襟是裙子设计的重点部位，也是裙子工艺结构比较复杂的部位，初学者往往容易出错，要注意正确表现。

裙子的背面有时也是服装细部设计的重点。这时也可以用"再制翻转、绘制背面"的方法将设计特点再现出来。

西式裙款式图，如图 4-2 所示。

图 4-2

1. 设置原点和辅助线，绘制外框

参照前述方法设置原点和辅助线。参照辅助线，利用"矩形工具" ，绘制大小两个矩形，单击属性栏中的"转换为曲线"图标 ，将其转换为曲线。通过"对象属性"对话框中的轮廓选项，设置轮廓宽度为 3.5mm，如图 4-3 所示。

2. 绘制裙形轮廓

利用"形状工具" ，在大矩形侧边上，通过双击鼠标，在臀位线两侧部位增加两个节点，将大矩形上边两个节点分别向内移动，与小矩形宽度对齐。将侧缝线和裤腰部位直线转换为曲线，拖动左右两条侧缝线和裤腰线，使之弯曲以符合人体曲线形状。向内移动下端两侧节点，缩小下摆，如图 4-4 所示。

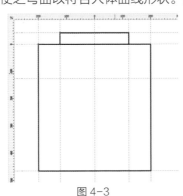

图 4-3　　　　　　　　　　　　　　　图 4-4

3. 绘制门襟、搭门、扣子、口袋和省位线

利用"手绘工具" 和"形状工具" ，分别绘制门襟、搭门、扣子、口袋和省位线，如图 4-5 所示。

4. 绘制明线

利用"手绘工具" 和"形状工具" ，通过属性栏中的轮廓选项，绘制虚线明线，如图 4-6 所示。

图 4-5　　　　　　　　　　　　　　　图 4-6

5. 填充颜色

利用"选择工具" 选中裙身图形，单击调色板中的军绿色，为其填充军绿色。利用同样的方法，为裙腰填充草绿色，通过"对象属性"对话框中的渐变填充选项，为扣子填充辐射渐变填充，如图 4-7 所示。

6. 绘制背面

利用"选择工具" 选中所有图形，通过"变换"对话框中的大小选项，单击"应用"按钮，再制一个图形，将其复制到另一张图纸上。删除门襟、搭门、扣子、口袋，利用"手绘工具" ，绘制后褶皱线，并为其填充颜色，即完成了西式裙款式图的绘制，如图 4-8 所示。

图 4-7　　　　　　　　　　　图 4-8

4.2　鱼尾裙款式图的绘制

鱼尾裙款式图，如图 4-9 所示。

图 4-9

1. 设置原点和辅助线，绘制外框

参照前述方法设置原点和辅助线。参照辅助线，利用"矩形工具" ，绘制大小两个矩形，单击属性栏中的"转换为曲线"图标 ，将其转换为曲线。通过"对象属性"对话框中的轮廓选项，设置轮廓宽度为 3.5mm，如图 4-10 所示。

2. 绘制裙形轮廓

利用"形状工具" ，通过双击鼠标，在大矩形侧边上的臀位线两侧部位增加两个节点，将大矩形上边两个节点分别向内移动，与小矩形宽度对齐。将侧缝线和裤腰部位转换为曲线，拖动左右两条侧缝线和裤腰线，使之弯曲以符合人体曲线形状。在大矩形中部增加两个节点，向内移动节点，缩小中部。向外移动下端两侧节点，加大下摆，并将底边修画为曲线图案，如图 4-11 所示。

3. 绘制搭门、扣子、腰带环、活褶和分割线

利用"手绘工具" 和"形状工具" ，分别绘制搭门、扣子、腰带环、活褶和分割线，图 4-12 所示。

4. 绘制明线和花图案

利用"手绘工具" 和"形状工具" ，通过属性栏中的轮廓选项，绘制虚线明线和花图案色，如图 4-13 所示。

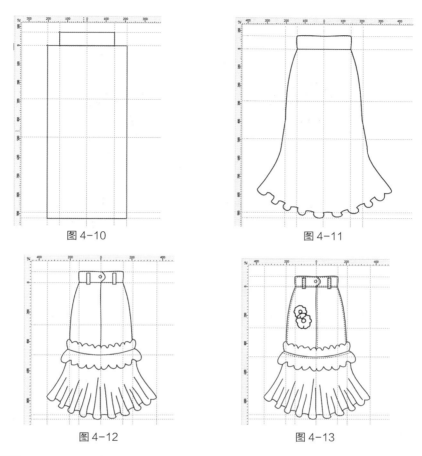

图 4-10　　　　　　　　　　　　　　图 4-11

图 4-12　　　　　　　　　　　　　　图 4-13

5.　填充颜色

利用"选择工具" 选中裙身图形，单击调色板中的淡蓝光紫色，为其填充淡蓝光紫色。利用同样的方法，为裙腰、花图案和裙中部花纹处填充深蓝光紫色。通过"对象属性"对话框中的渐变填充选项，为扣子和花蕊部位填充辐射渐变，如图 4-14 所示。

6.　绘制背面

利用"选择工具" 选中所有图形，通过"变换"对话框中的大小选项，单击"应用"按钮，再制一个图形，将其复制到另一张图纸上。删除搭门、扣子、花图案，利用"手绘工具" ，绘制后褶皱线，并为其填充颜色，即完成了鱼尾裙款式图的绘制，如图 4-15 所示。

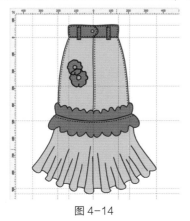

图 4-14

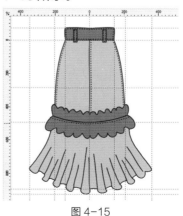

图 4-15

4.3   大摆裙款式图的绘制

大摆裙款式图，如图 4-16 所示。

图 4-16

1. 设置原点和辅助线，绘制外框

参照前述方法设置原点和辅助线。参照辅助线，利用"矩形工具" □，绘制大小两个矩形，单击属性栏中的"转换为曲线"图标 ○，将其转换为曲线。通过"对象属性"对话框中的轮廓选项，设置轮廓宽度为 3.5mm，如图 4-17 所示。

2. 绘制伞形轮廓

利用"形状工具" ，通过双击鼠标，在大矩形侧边上的臀位线两侧部位增加两个节点，将大矩形上边两个节点分别向内移动，与小矩形宽度对齐。将侧缝线和裤腰部位转换为曲线，拖动左右两条侧缝线和裤腰线，使之弯曲以符合人体曲线形状。在大矩形中部增加两个节点，向内移动节点，缩小中部。向外移动下端两侧节点，加大下摆，并将底边修画为曲线图案，如图 4-18 所示。

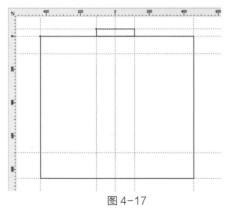

图 4-17

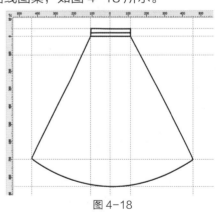

图 4-18

3. 修画腰部和底边

利用"形状工具" ，通过双击鼠标，在裙子腰部和下摆曲线上增加若干节点，选中这些节点，单击属性栏中的"使节点变为尖突"图标 ，拖曳每段曲线，复制若干线段，使其成为如图 4-19 所示的造型。

4. 绘制蝴蝶结和褶皱线

利用"手绘工具" 和"形状工具" ，分别绘制蝴蝶结和褶皱线，如图 4-20 所示。

5. 填充颜色

利用"选择工具" 选中裙身图形，单击调色板中的白黄色，为其填充白黄色。利用同样的方法，为裙上腰部、裙尾部填充浅黄色，如图 4-21 所示。

图 4-19

图 4-20

6. 绘制背面

利用"选择工具" 选中所有图形，通过"变换"对话框中的大小选项，单击"应用"按钮，再制一个图形，将其复制到另一张图纸上。删除蝴蝶结，利用"手绘工具" ，绘制后褶皱线，并为其填充颜色，即完成了大摆裙款式图的绘制，如图 4-22 所示。

图 4-21

图 4-22

4.4　分层裙款式图的绘制

分层裙款式图，如图 4-23 所示。

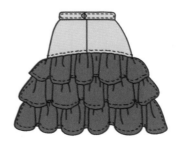

图 4-23

1. 设置原点和辅助线，绘制外框

参照前述方法设置原点和辅助线。参照辅助线，利用"矩形工具" ，绘制裙腰矩形。利用"手绘工具" ，绘制 4 个梯形。单击属性栏中的"转换为曲线"图标 ，将其转换为曲线。通过"对象属性"对话框中的轮廓选项，设置轮廓宽度为 3.5mm，如图 4-24 所示。

🖎 2. 绘制裙形轮廓

利用"形状工具"🖎，将侧缝线分别转换为曲线，拖动左右两条侧缝线，使之弯曲以符合人体曲线形状。拖动每条线段，使其成为如图 4-25 所示的造型。

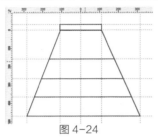

图 4-24

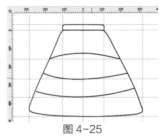

图 4-25

🖎 3. 修画多节和绘制皱褶

利用"形状工具"🖎，通过双击鼠标，在裙子下摆曲线上增加若干节点，选中这些节点，单击属性栏中的"使节点变为尖突"图标🖎，拖曳每段曲线，使其成为如图 4-26 所示的造型，利用"手绘工具"🖎和"形状工具"🖎，绘制皱褶。

🖎 4. 绘制明线

利用"手绘工具"🖎和"形状工具"🖎，通过属性栏中的轮廓选项，绘制裙腰的虚线明线和各节底边的虚线明线，如图 4-27 所示。

🖎 5. 填充颜色

利用"选择工具"🖎，选中裙腰上部裙身图形，单击调色板中的红色，为其填充红色。利用同样的方法，为分层部分填充红色，如图 4-28 所示。

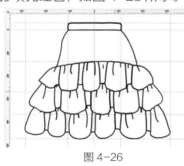

图 4-26

图 4-27

🖎 6. 绘制背面

利用"选择工具"🖎选中所有图形，通过"变换"对话框中的大小选项，单击"应用"按钮，再制一个图形，将其复制到另一张图纸上。利用"手绘工具"🖎，绘制后搭门和扣子，绘制后中缝割线，并为其填充颜色，即完成了分层裙款式图的绘制，如图 4-29 所示。

图 4-28

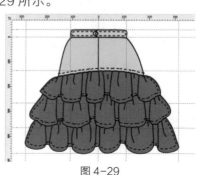

图 4-29

4.5 多片裙款式图的绘制

多片裙款式图，如图 4-30 所示。

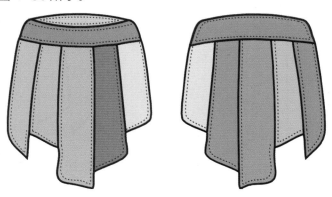

图 4-30

1. 设置原点和辅助线，绘制外框

参照前述方法设置原点和辅助线。参照辅助线，利用"矩形工具" ，绘制大小两个矩形，单击属性栏中的"转换为曲线"图标 ，将其转换为曲线。通过"对象属性"对话框中的轮廓选项，设置轮廓宽度为 3.5mm，如图 4-31 所示。

2. 绘制裙形轮廓

利用"形状工具" ，通过双击鼠标，在大矩形侧边上的臀位线两侧部位增加两个节点，将大矩形上边两个节点分别向内移动，与小矩形宽度对齐。将侧缝线和裤腰部位转换为曲线，拖动左右两条侧缝线和裤腰线，使之弯曲以符合人体曲线形状。向外移动下端两侧节点，加大下摆。用"形状工具" ，在裙子下摆曲线上增加若干节点，选中这些节点，单击属性栏中的"使节点变为尖突"图标 ，拖曳每段曲线，使其成为如图 4-32 所示的造型。

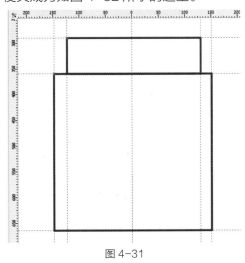

图 4-31

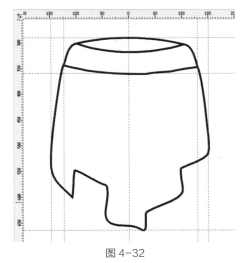

图 4-32

3. 绘制分割线

利用"手绘工具" 和"形状工具" ，绘制分割线，如图 4-33 所示。

4. 绘制明线

利用"手绘工具" 和"形状工具" ，通过属性栏中的轮廓选项，绘制虚线明线，如图 4-34 所示。

图 4-33

图 4-34

5. 填充颜色

利用"选择工具" 选中裙身图形，单击调色板中的淡蓝光紫色、月光绿色、冰蓝色、热粉色、浅黄色，为裙身填充各种颜色。利用同样的方法，为腰部填充橘黄色。利用"智能填充工具" ，设置填充颜色为浅灰色，单击裙子里子部位，为其填充浅灰色，如图 4-35 所示。

6. 绘制背面

利用"选择工具" 选中所有图形，通过"变换"对话框中的大小选项，单击"应用"按钮，再制一个图形，将其复制到另一张图纸上。调整裙腰和裙身曲线，并为其填充颜色，即完成了多片裙款式图的绘制，如图 4-36 所示。

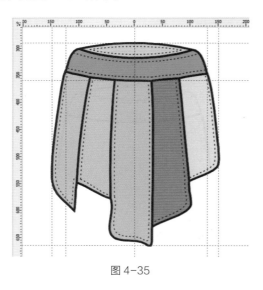

图 4-35

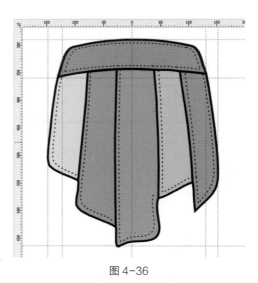

图 4-36

🪡 4.6　连衣裙款式图的绘制

连衣裙款式图，如图 4-37 所示。

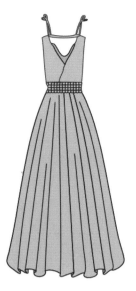

图 4-37

1. 设置原点和辅助线，绘制外框

参照前述方法设置原点和辅助线。参照辅助线，利用"手绘工具" ，绘制如图 4-38 所示的直线框图，再通过"对象属性"对话框中的轮廓选项，设置轮廓宽度为 3.5mm。

2. 绘制裙形轮廓

利用"形状工具" ，选中图形轮廓，分别将其转换为曲线图形，并将其修画为如图 4-39 所示的连衣裙轮廓造型。

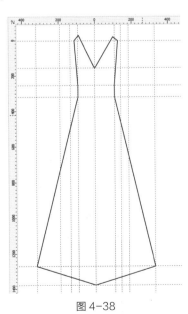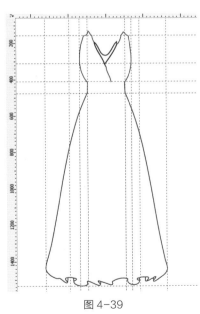

图 4-38　　　　　　　　　　　　　　　图 4-39

3. 绘制花图案和腰带

利用"手绘工具" 和"形状工具" ，分别绘制花图案和腰带，如图 4-40 所示。

4. 绘制活褶

利用"手绘工具" 和"形状工具" ，通过属性栏中的轮廓选项，绘制活褶，如图 4-41 所示。

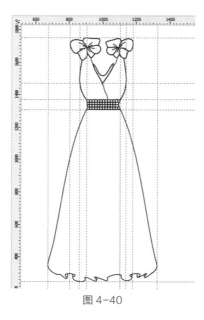

图 4-40

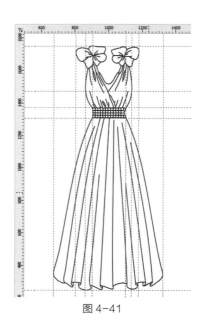

图 4-41

5. 填充颜色

利用"选择工具" 选中裙身图形，单击调色板中的弱粉色，为裙身填充弱粉色。利用同样的方法，为花图案填充灰绿色，为裙子尾部填充热带粉色，通过"对象属性"对话框中的渐变填充选项，为腰带各个小块填充辐射渐变，如图 4-42 所示。

6. 绘制背面

利用"选择工具" 选中所有图形，通过"变换"对话框中的大小选项，单击"应用"按钮，再制一个图形，将其复制到另一张图纸上。删除花图案，调整上身曲线，利用"手绘工具" 和"形状工具" ，绘制吊带部分曲线，并为其填充颜色，即完成了连衣裙款式图的绘制，如图 4-43 所示。

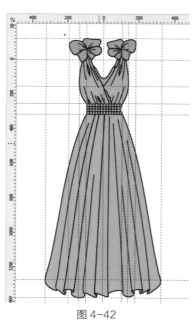

图 4-42

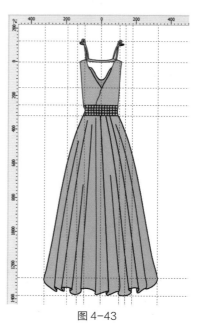

图 4-43

第5章
各种裤子款式的设计与表现

本章知识要点

- 西裤款式图的绘制
- 牛仔裤款式图的绘制
- 休闲裤款式图的绘制
- 短裤款式图的绘制
- 裙裤款式图的绘制

裤子的设计与半截裙一样，设计的重点在裤子的外形和腰头，不同外形的裤子有明显不同的风格。如短裤轻松，长裤凝重，大喇叭裤、裙裤比较活泼，小喇叭裤优雅，而直筒裤则显得比较端庄。不同的腰头对裤子的风格影响也很明显。因此设计裤子时首先应该根据自己的设计意图将其外形和腰头确定下来。

除了变化外形和腰头，近几年裤子的设计重点还表现在对裤身的装饰，其中变化最多的是休闲裤和牛仔裤。休闲裤多用造型各异的口袋和袢带做装饰，口袋和袢带能给人平实、功能性的感觉，这与休闲裤的风格十分协调。而牛仔裤则多用分割线做装饰。近年来，受到"精致"、"回归自然"等审美思潮的影响，以往与牛仔裤无缘的刺绣也用到了牛仔裤的设计中。

腰宽与下肢的长度是裤子外轮廓设计的依据，以成分的腰宽为单位，短裤的长度约为腰宽的 1.5 倍，中裤的长度约为腰宽的 2.5 倍，而长裤的长度则为腰宽的 3.5 倍，根据设计的需要，还可以进行调整，如图 5-1 所示。

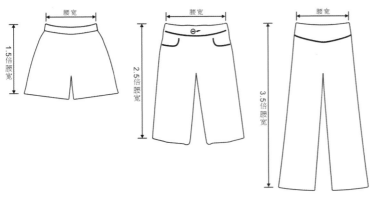

图 5-1

裤子中对廓型影响大的部件不多。因此用电脑设计与表现裤子的款式可以在设计好裤子廓型后直接进行。腰头和门襟是裤子设计的重点部位，也是裤子工艺结构比较复杂的部位，初学者往往容易出错，要注意正确表现。

裤子的侧面有时也是服装细部设计的重点。这时也可以用"局部打开"的方法将设计特点表现出来。

5.1 西裤款式图的绘制

西裤款式图，如图 5-2 所示。

图 5-2

📝 1. 设置原点和辅助线，绘制外框

参照前述方法设置原点和辅助线。利用"矩形工具"🔲，参照辅助线，绘制大小两个矩形，单击属性栏中的"转换为曲线"图标⭕，将其转换为曲线。通过属性栏中的轮廓选项，设置轮廓宽度为 3.5mm，如图 5-3 所示。

📝 2. 绘制裤形轮廓

利用"形状工具"🔩，通过双击鼠标，在大矩形底边上增加裤口宽度节点和中点节点。将中点节点沿中心线向上移动到分档部位。通过双击鼠标，在臀位线两侧部位增加两个节点，将大矩形上边两个节点分别向内移动，与小矩形宽度对齐。将侧缝线和裤腰线转换为曲线，拖动左右两条侧缝线和裤腰线，使之弯曲以符合人体曲线形状，如图 5-4 所示。

📝 3. 绘制门襟、口袋、穿带环

利用"手绘工具"🖍和"形状工具"🔩，分别绘制门襟、口袋、穿带环，如图 5-5 所示。

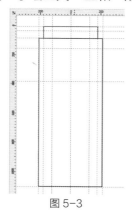

图 5-3

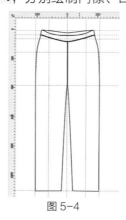

图 5-4

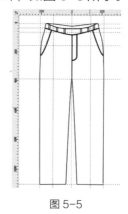

图 5-5

📝 4. 绘制挺缝线、明线、扣子和扣眼

利用"手绘工具"🖍和"形状工具"🔩，通过属性栏中的轮廓选项，绘制挺缝线、虚线明线和扣眼，利用"椭圆形工具"⭕绘制扣子，如图 5-6 所示。

📝 5. 填充颜色

利用"选择工具"🔳选中裤身图形，单击调色板中的灰色，为其填充灰色。利用同样的方法，为裤子里面、腰带和扣眼填充深灰色。通过"对象属性"对话框中的渐变填充选项，为扣子填充辐射渐变，如图 5-7 所示。

📝 6. 绘制背面

利用"选择工具"🔳选中所有图形，通过"变换"对话框中的大小选项，单击"应用"按钮，再制

一个图形，将其复制到另一张图纸上。删除门襟、口袋和扣子，调整腰部线条。利用"手绘工具" ，
绘制后中位线、后口袋和穿带环，并为其填充颜色，即完成了西裤款式图的绘制，如图 5-8 所示。

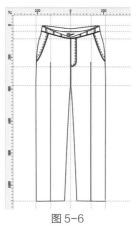
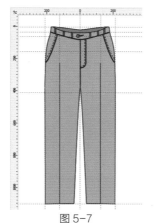
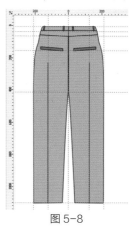

图 5-6　　　　　　　　　　　　图 5-7　　　　　　　　　　　　图 5-8

5.2　牛仔裤款式图的绘制

牛仔裤款式图，如图 5-9 所示。

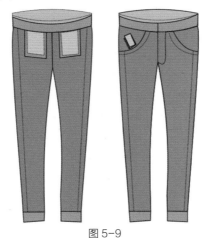

图 5-9

1. 设置原点和辅助线，绘制外框

参照前述方法设置原点和辅助线。利用"矩形工具" ，参照辅助线，绘制两个矩形，单击属性栏
中的"转换为曲线"图标 ，将其转换为曲线。通过属性栏中的轮廓选项，设置轮廓宽度为 3.5mm，
如图 5-10 所示。

2. 绘制裤形轮廓

利用"形状工具" ，通过双击鼠标，在大矩形底边上增加裤口宽度节点和中点节点。将中点节点
沿中心线向上移动到分档部位。通过双击鼠标，在臀位线两侧部位增加两个节点，将大矩形上边两个节
点分别向内移动，与小矩形宽度对齐。将侧缝线和裤腰线转换为曲线，拖动左右两条侧缝线和裤腰线，
使之弯曲以符合人体曲线形状。在中档部位增加两个节点，在裤口中点增加节点，分别调整这些节点，
使其形成牛仔裤造型，如图 5-11 所示。

3. 绘制门襟和口袋和裤脚线

利用"手绘工具" 和"形状工具" ，分别绘制门襟、口袋和裤脚线，如图 5-12 所示。

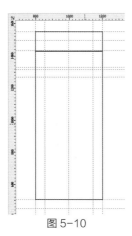
图 5-10

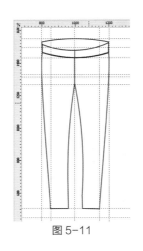
图 5-11

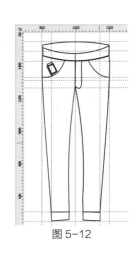
图 5-12

4. 绘制明线

利用"手绘工具" 🖊 和"形状工具" 🖊，通过属性栏中的轮廓选项，绘制虚线，如图 5-13 所示。

5. 填充颜色

利用"选择工具" 🔲 选中裤身图形，单击调色板中的幼蓝色，为其填充幼蓝色。利用同样的方法，为裤腰、裤脚、裤兜填充柔和蓝色，为最上层裤兜填充粉蓝色，利用"智能填充工具" 🖊，设置填充颜色为浅灰色，单击裤子里子部位，为其填充浅灰色。通过"对象属性"对话框中的渐变填充选项，为扣子填充辐射渐变，如图 5-14 所示。

6. 绘制背面

利用"选择工具" 🔲 选中所有图形，通过"变换"对话框中的大小选项，单击"应用"按钮，再制一个图形，将其复制到另一张图纸上。删除门襟、口袋和明线，调整腰部线条，利用"手绘工具" 🖊，绘制后中位线，后口袋，并为其填充颜色，即完成了牛仔裤款式图的绘制，如图 5-15 所示。

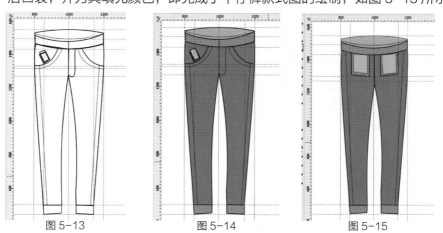
图 5-13　　　　图 5-14　　　　图 5-15

5.3 休闲裤款式图的绘制

休闲裤款式图，如图 5-16 所示。

1. 设置原点和辅助线，绘制外框

参照前述方法设置原点和辅助线。利用"矩形工具" 🔲，参照辅助线，绘制大小两个矩形，单击属性栏中的"转换为曲线"图标 ◎，将其转换为曲线。通过属性栏中的轮廓选项，设置轮廓宽度为 3.5mm，如图 5-17 所示。

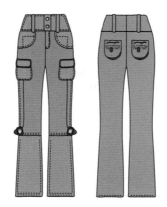

图 5-16

2. 绘制裤形轮廓

利用"形状工具"，通过双击鼠标，在大矩形底边上增加裤口宽度节点和中点节点。将中点节点沿中心线向上移动到分档部位。通过双击鼠标，在臀位线两侧部位增加两个节点，将大矩形上边两个节点分别向内移动，与小矩形宽度对齐。将侧缝线和裤腰线转换为曲线，拖动左右两条侧缝线和裤腰线，使之弯曲以符合人体曲线形状，如图 5-18 所示。

3. 绘制门襟、口袋、腰带环、扣子和分割线

利用"手绘工具"和"形状工具"，分别绘制门襟、口袋、腰带环、扣子和分割线，如图 5-19 所示。

4. 绘制明线和膝盖处卡扣

利用"手绘工具"和"形状工具"，通过属性栏中的轮廓选项，绘制虚线明线和膝盖处卡扣，如图 5-20 所示。

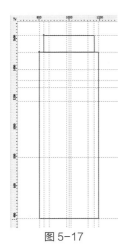

图 5-17

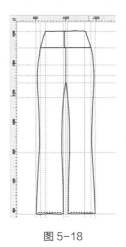

图 5-18

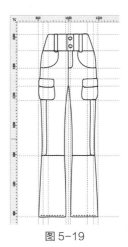

图 5-19

5. 填充颜色

利用"选择工具"选中裤身图形，单击调色板中的黄卡其和橄榄色，为其填充黄卡其和橄榄色。利用同样的方法，为前门襟、裤腰、裤兜和腰带环填充黄卡其色，利用"智能填充工具"，设置填充颜色为暗绿色，单击膝盖处卡扣部位，为其填充暗绿色，如图 5-21 所示。

6. 绘制背面

利用"选择工具"选中所有图形，通过"变换"对话框中的大小选项，单击"应用"按钮，再制一个图形，将其复制到另一张图纸上。删除门襟、口袋、扣子、腰带环和明线，调整腰部线条，利

用"手绘工具" ✎ 和"形状工具" ↖，绘制后口袋，并为其填充颜色，即完成了休闲裤款式图的绘制，如图 5-22 所示。

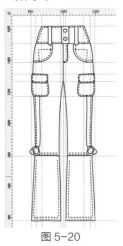

图 5-20

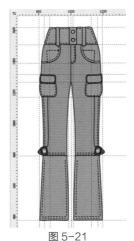

图 5-21

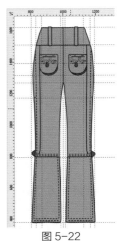

图 5-22

5.4　短裤款式图的绘制

短裤款式图，如图 5-23 所示。

图 5-23

1. 设置原点和辅助线，绘制外框

参照前述方法设置原点和辅助线。利用"矩形工具" ▭，参照辅助线，绘制两个矩形，单击属性栏中的"转换为曲线"图标 ⟳，将其转换为曲线。通过属性栏中的轮廓选项，设置轮廓宽度为 3.5mm，如图 5-24 所示。

2. 绘制裤形轮廓

利用"形状工具" ↖，通过双击鼠标，在大矩形底边上增加裤口宽度节点和中点节点。将中点节点沿中心线向上移动到分档部位。通过双击鼠标，在臀位线两侧部位增加两个节点，将大矩形上边两个节点分别向内移动，与小矩形宽度对齐。将侧缝线和裤腰线转换为曲线，拖动左右两条侧缝线和裤腰线，使之弯曲以符合人体曲线形状，如图 5-25 所示。

3. 绘制门襟、扣子和扣眼

利用"手绘工具" ✎ 和"形状工具" ↖，分别绘制门襟、扣子和扣眼，如图 5-26 所示。

4. 绘制裤兜

利用"手绘工具" ✎ 和"形状工具" ↖，通过属性栏中的轮廓选项，绘制裤兜，如图 5-27 所示。

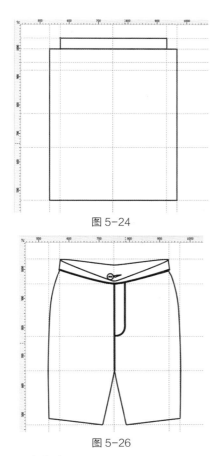

图 5-24

图 5-25

图 5-26

图 5-27

5．填充颜色

利用"选择工具" ，选中裤身和裤兜图形，单击调色板中的薄荷绿色，为其填充薄荷绿色。利用同样的方法，为裤腰填充军绿色，利用"智能填充工具" ，设置填充颜色为浅灰色，单击裤子里子部位，为其填充浅灰色。通过"对象属性"对话框中的渐变填充选项，为扣子填充辐射渐变，如图 5-28 所示。

6．绘制背面

利用"选择工具" 选中所有图形，通过"变换"对话框中的大小选项，单击"应用"按钮，再制一个图形，将其复制到另一张图纸上。删除门襟、口袋、扣子和裤兜，调整腰部线条。利用"手绘工具" ，绘制后口袋，并为其填充颜色，即完成了短裤款式图的绘制，如图 5-29 所示。

图 5-28

图 5-29

5.5　裙裤款式图的绘制

裙裤款式图，如图 5-30 所示。

图 5-30

1. 设置原点和辅助线，绘制外框

参照前述方法设置原点和辅助线。利用"矩形工具" 🔲，参照辅助线，绘制两个矩形，单击属性栏中的"转换为曲线"图标 ⚙，将其转换为曲线。通过属性栏中的轮廓选项，设置轮廓宽度为 3.5mm，如图 5-31 所示。

2. 绘制裤形轮廓

利用"形状工具" ⬝，通过双击鼠标，在大矩形底边上增加裤口宽度节点和中点节点。将中点节点沿中心线向上移动到分档部位。通过双击鼠标，在臀位线两侧部位增加两个节点，将大矩形上边两个节点分别向内移动，与小矩形宽度对齐。将侧缝线和裤腰线转换为曲线，拖动左右两条侧缝线和裤腰线，使之弯曲以符合人体曲线形状。调整裤口节点，加大裤口宽度，并将裤口修画为曲线，如图 5-32 所示。

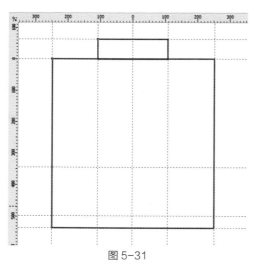

图 5-31

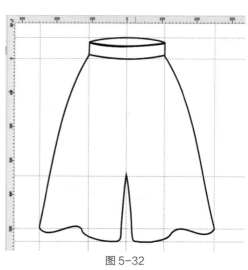

图 5-32

3. 绘制穿带环、扣子和搭门

利用"手绘工具" ⬝ 和"形状工具" ⬝，分别绘制穿带环、扣子和搭门，如图 5-33 所示。

4. 绘制中档线、皱褶线和挺缝线

利用"手绘工具" ⬝ 和"形状工具" ⬝，分别绘制中档线、皱褶线和挺缝线，如图 5-34 所示。

图 5-33

图 5-34

5. 填充颜色

利用"选择工具" ，选中裤身和裤兜图形，单击调色板中的冰蓝色，为其填充冰蓝色。利用同样的方法，为裤腰填充浅蓝绿色，为腰带环填充海洋绿色。利用"智能填充工具" ，设置填充颜色为浅蓝绿色，单击裤子里子部位，为其填充浅蓝绿色。通过"对象属性"对话框中的渐变填充选项，为扣子填充辐射渐变，如图 5-35 所示。

6. 绘制背面

利用"选择工具" 选中所有图形，通过"变换"对话框中的大小选项，单击"应用"按钮，再制一个图形，将其复制到另一张图纸上。删除扣子、穿带环、搭门，调整腰部线条。利用"手绘工具" ，绘制后腰带环，并为其填充颜色，即完成了裙裤款式图的绘制，如图 5-36 所示。

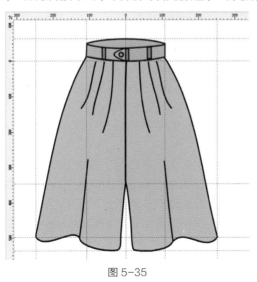

图 5-35

图 5-36

第6章
传统上衣和西服款式的
设计与表现

西服有狭义和广义两种含义。狭义的西装是指源于欧洲，在社交正式场所中男士们穿用的服装，而广义的西装则是指所有具有西方审美特征的套装。由于狭义的西装款式变化不大，而广义的西装中半截裙和裤的变化已在前面介绍过，因此，这里仅介绍广义上西装上衣的设计。

东西方传统服装最大的不同是对人体表现的不同。人体在东方人的服装中是被隐藏的，而在西方人的服装中，人体是被强调的。因此，具有西方审美特征的西装必须具有与人体十分协调的外形，且这种外形在设计中一般变化不大。西服设计的重点是领、门襟和袖的变化。

其中领的变化最丰富，驳翻领是传统西服的经典领型，驳头的长短、宽窄是驳翻领变化的主要手法。而现在无领、连身立领以及用各种花边、皱褶装饰而成的领都可以用于西装设计。西装的门襟都会从领口直开到衣服的底边，这种门襟叫通开襟。通开襟可以通过搭门的形态、宽窄以及门襟上扣子数目的改变发生变化。由于西装领的一部分常常与门襟连在一起，因此，西装的门襟变化一定要结合领型的变化一起考虑。用于传统西装的袖一般都是圆装袖，由两片袖片组成，具有适体、圆润、饱满的特点，而这些特点也正适合传统西装的整体风格，因此不要让过分的夸张和装饰破坏西装袖与西装整体风格的协调。除此以外，一切与西装风格相适应的服装装饰工艺，如刺绣、滚边等也都可以用来装点西装的变化，使西装在端庄中显得更加妩媚。

上衣服装的外形主要由上衣服装的外轮廓决定，设计和表现单件服装的款式首先要考虑对服装外轮廓影响最大的部位的造型，然后再考虑对服装款式有较大影响的其他局部的造型。掌握了上衣服装廓型的设计与表现方法以后，就可以设计与再现完整的服装上衣了。

上衣的廓型由大身和袖的造型共同决定。人体的躯干部位是上装大身外轮廓设计的基础，如以成人的肩宽为标准，齐腰的上衣大身长度一般会与肩宽的长度基本相等，而齐臀围的上衣大身长度则一般是肩宽的1.5倍左右。在具体设计时，还要注意根据设计任务的内容将男女人体的特点表现出来，如男人体肩宽臀窄腰节略下，而女人体肩窄臀宽腰节略上，如图6-1所示。

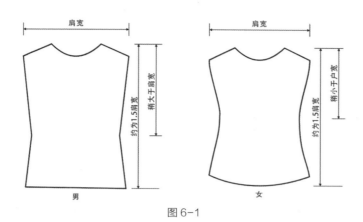

图 6-1

一般情况下，用电脑设计和表现上装的款式，首先要依照人体躯干部位的比例设计好上装大轮廓的基本廓型，然后再考虑影响上装款式的领和袖的造型，最后再将上装其他局部设计并表现好。

设计领的时候，要注意把握好领口的宽度，设计得太宽或太窄都会让人看起来不舒服。在表现领的结构时，要处理好领面、领座和服装肩线之间的关系。

袖的造型对上装的廓型有较大影响。因此，设计袖的时候要随时注意让袖的造型与大身的造型协调。设计圆装袖可以用垂放的状态，设计连袖、平装袖和插肩袖最好将袖打开放置，以便充分表现这些袖的造型特征。

设计完上装的廓型、领型和袖型以后，还要进一步推敲上装的细部。服装的缝合方式、连接方式、装饰方式和装饰图案的纹样等都会对服装的整体造型和风格带来很大影响，设计时应该尽可能将它们的特点细致地表现出来。由于款式图多为正面平放的形式，如果这些细部在服装的侧面，为了充分再现它们的特点，可以用"局部打开"的形式将它们画出来。

上衣可以分为衬衣、西装上衣、夹克、猎装上衣、牛仔上衣、中式上衣、大衣、旗袍等。

6.1 衬衣款式的设计与表现

衬衣款式图，如图 6-2 所示。

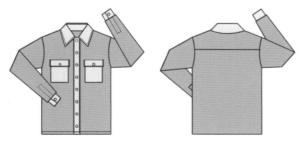

图 6-2

1. 设置原点和辅助线，绘制外框
参照前述方法设置原点和辅助线。利用"矩形工具" ，参照辅助线，绘制一个矩形，单击属性栏中的"转换为曲线"图标 ，将其转换为曲线。通过属性栏中的轮廓选项，设置轮廓宽度为 3.5mm，如图 6-3 所示。

2. 绘制衣身基本形
利用"形状工具" ，参照辅助线，在矩形上边领口位置增加 4 个节点。移动节点，形成领座造型。

将矩形上边两个端点下移 5cm，形成落肩，如图 6-4 所示。

◇ **3. 绘制领子、门襟、扣子和口袋**

利用"矩形工具" 🔲，绘制门襟图形。利用"贝塞尔工具" 🖊 和"形状工具" 🖍，绘制领子和口袋。利用"椭圆形工具" ◯，绘制扣子，如图 6-5 所示。

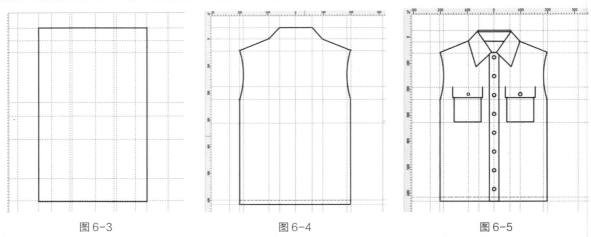

图 6-3   图 6-4   图 6-5

◇ **4. 绘制袖子**

利用"贝塞尔工具" 🖊 和"形状工具" 🖍，分别绘制袖筒和袖头，如图 6-6 所示。

◇ **5. 绘制虚线明线**

利用"贝塞尔工具" 🖊 和"形状工具" 🖍，分别绘制领子、衣兜、门襟、底边、袖口的虚线明线，如图 6-7 所示。

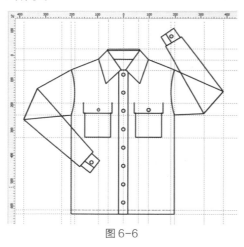
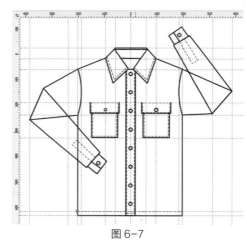

图 6-6   图 6-7

◇ **6. 填充颜色**

利用"选择工具" ▶，选中衣身和袖子图形，单击调色板中的香蕉黄色，为衣身和袖子填充香蕉黄色，利用同样的方法，为领子、门襟、衣兜、袖口填充白黄色，通过"对象属性"对话框中的渐变填充选项，为扣子填充辐射渐变，如图 6-8 所示。

◇ **7. 绘制衬衣背面**

利用"选择工具" ▶，选中所有图形，通过"变换"对话框中的大小选项，单击"应用"按钮，再制一个衬衣图形，将其复制到另一张图纸上。删除领子、过肩、门襟和扣子，绘制后肩和肩线，调整袖子部分和领座造型，即完成了衬衣款式图的绘制，如图 6-9 所示。

图 6-8

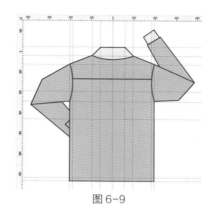
图 6-9

6.2 西装上衣款式的设计与表现

西装上衣款式图，如图 6-10 所示。

图 6-10

1. 设置原点和辅助线，绘制外框

参照前述方法设置原点和辅助线。利用"矩形工具" ▢，参照辅助线，绘制一个矩形，单击属性栏中的"转换为曲线"图标 ◐，将其转换为曲线。通过属性栏中的轮廓选项，设置轮廓宽度为 3.5mm，如图 6-11 所示。

2. 绘制衣身基本形

利用"形状工具" ◣，参照辅助线，在矩形上边领口位置增加 4 个节点。移动节点，利用"形状工具" ◣，调整领座使其形成领座造型。将矩形上边两个端点下移 5cm，形成落肩，在矩形中部两侧增加 4 个节点，分别向内移动节点，形成衣身造型，如图 6-12 所示。

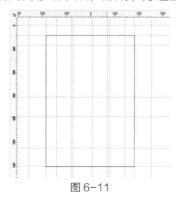
图 6-11

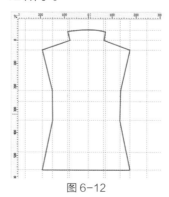
图 6-12

3. 绘制领子、门襟、扣子

利用"贝塞尔工具" ✎ 和"形状工具" ✎ ，绘制门襟、绘制领子，使用"椭圆形工具" ⬭ 绘制扣子，如图 6-13 所示。

4. 绘制口袋和省位线

利用"贝塞尔工具" ✎ 和"矩形工具" ▭ ，绘制口袋图形和省位线，如图 6-14 所示。

5. 绘制袖子

利用"贝塞尔工具" ✎ 和"形状工具" ✎ ，分别绘制袖筒和袖口处布带图形，如图 6-15 所示。

图 6-13　　　　　　　　图 6-14　　　　　　　　图 6-15

6. 填充颜色

利用"选择工具" ▣ 选中衣身和袖子图形，单击调色板中的绿色，为衣身和袖子填充绿色。利用同样的方法，为领子、衣兜、袖带填充海洋绿色。利用"智能填充工具" ▣ ，设置填充颜色为浅灰色，单击服装里子部位，为其填充浅灰色。通过"对象属性"对话框中的渐变填充选项，为扣子填充辐射渐变，如图 6-16 所示。

7. 绘制西装上衣背面

利用"选择工具" ▣ 选中所有图形，通过"变换"对话框中的大小选项，单击"应用"按钮，再制一个西装上衣图形，将其复制到另一张图纸上。删除领子、口袋、省位线、门襟和扣子，绘制后片省位线，调整领座造型，即完成了西装上衣款式图的绘制，如图 6-17 所示。

图 6-16　　　　　　　　　　　　图 6-17

🧵 6.3　夹克款式的设计与表现

夹克款式图，如图 6-18 所示。

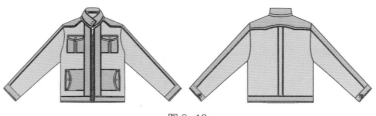

图 6-18

🖋 1. 设置原点和辅助线，绘制外框

参照前述方法设置原点和辅助线。利用"矩形工具" 🔲，参照辅助线，绘制 3 个矩形，同时单击属性栏中的"转换为曲线"图标 ⚙，将其转换为曲线。通过属性栏中的轮廓选项，设置轮廓宽度为 3mm，如图 6-19 所示。

🖋 2. 绘制衣身基本形

利用"形状工具" ⬚，参照辅助线，在矩形上边领口位置增加若干个节点。移动节点，利用"形状工具" ⬚ 调整领座，使其形成领座造型。将矩形上边两个端点下移 5cm，形成落肩，利用"形状工具" ⬚，在矩形周边增加相应节点，拖动相关节点，使其调整为衣身造型，如图 6-20 所示。

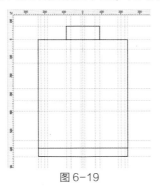　　

图 6-19　　　　　　　　　　　　图 6-20

🖋 3. 绘制领子、门襟和拉链

利用"矩形工具" 🔲，绘制拉链外框图形和拉链。利用"手绘工具" ✎ 和"形状工具" ⬚，绘制门襟、领子，如图 6-21 所示。

🖋 4. 绘制口袋

利用"手绘工具" ✎ 和"矩形工具" 🔲，绘制口袋图形，利用"椭圆形工具" ⬭，绘制扣子，如图 6-22 所示。

图 6-21　　　　　　　　　　　　图 6-22

🖋 5. 绘制袖子

利用"手绘工具" ✎ 和"形状工具" ⬚，分别绘制袖筒和袖口处，使用删除虚拟线段工具删除肩部内的无用线段，如图 6-23 所示。

6. 绘制分割线和虚线明线

利用"手绘工具" 和"形状工具" ，绘制肩部两侧和袖子两边的分割线。利用"手绘工具" 和"形状工具" ，通过属性栏中的轮廓选项，分别绘制领子、分割线、门襟线、衣兜线、底边和袖头的虚线明线，如图 6-24 所示。

图 6-23　　　　　　　　　　　　　　　图 6-24

7. 填充颜色

利用"选择工具" 选中衣身和袖子图形，单击调色板中的浅灰色，为衣身、袖子和里面填充浅灰色。利用同样的方法，为领子、衣兜、门襟、肩部填充浅蓝绿色。通过"对象属性"对话框中的渐变填充选项，为扣子填充辐射渐变，如图 6-25 所示。

8. 绘制夹克背面

利用"选择工具" 选中所有图形，通过"变换"对话框中的大小选项，单击"应用"按钮，再制一个夹克图形，将其复制到另一张图纸上。删除领子、拉链、门襟、衣兜和扣子，利用"手绘工具" 和"手绘工具" ，调整衣袖和虚线，绘制上部中后线及其虚线，调整领座造型，并为填充颜色，即完成了夹克款式图的绘制，如图 6-26 所示。

图 6-25　　　　　　　　　　　　　　　图 6-26

6.4　猎装上衣的设计与表现

猎装上衣款式图，如图 6-27 所示。

图 6-27

1. 设置原点和辅助线，绘制外框

参照前述方法设置原点和辅助线。利用"矩形工具"，参照辅助线，绘制两个矩形，单击属性栏中的"转换为曲线"图标，将其转换为曲线，如图6-28所示。

2. 绘制衣身基本形

利用"形状工具"，调整领座使其形成领座造型。利用"手绘工具"和"形状工具"，绘制领子图形，将矩形上边两个端点下移2cm，形成落肩，在矩形上部和中部两侧分别增加若干节点，分别向内移动节点，利用"形状工具"调整曲线，使其形成衣身造型，如图6-29所示。

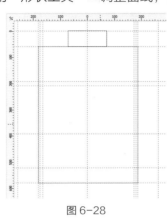

图6-28

图6-29

3. 绘制领子、前襟和拉链

利用"手绘工具"、"形状工具"和"矩形工具"，分别绘制领子、前襟和拉链图形，如图6-30所示。

4. 绘制口袋和省位线

利用"手绘工具"、"形状工具"和"矩形工具"，绘制口袋图形和省位线，如图6-31所示。

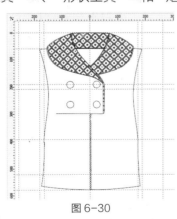

图6-30

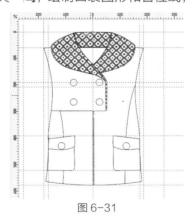

图6-31

5. 绘制袖子

利用"手绘工具"和"形状工具"，分别绘制袖筒和袖口处图形，如图6-32所示。

6. 加粗轮廓

利用"选择工具"选中所有图形，通过属性栏中的轮廓选项，设置轮廓宽度为3.0mm，如图6-33所示。

7. 绘制明线

利用"手绘工具"和"形状工具"，通过属性栏中的轮廓选项，分别绘制过肩、门襟、前襟、省位线、底边和口袋的虚线明线，如图6-34所示。

图 6-32

图 6-33

图 6-34

8. 填充颜色

利用"选择工具" 选中衣身和袖子图形，单击调色板中的深黄色，为衣身和袖子填充深黄色。利用同样的方法，为领子、衣兜填充浅黄色。利用"智能填充工具" ，设置填充颜色为浅灰色，单击服装里子部位，为其填充浅灰色。通过"对象属性"对话框中的渐变填充选项，为扣子填充辐射渐变，如图 6-35 所示。

9. 绘制猎装背面

利用"选择工具" 选中所有图形，通过"变换"对话框中的大小选项，单击"应用"按钮，再制一个猎装图形，将其复制到另一张图纸上。删除领子、口袋、前襟和扣子，绘制后片省位线，绘制后片分割线，调整领座造型，绘制领子和袖口图形，并为其填充相应颜色，即完成了猎装款式图的绘制，如图 6-36 所示。

图 6-35

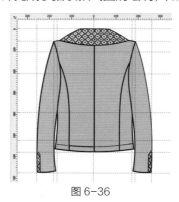

图 6-36

6.5 中西式上衣款式的设计与表现

中西式上衣款式图，如图 6-37 所示。

图 6-37

◇ 1. 设置原点和辅助线，绘制外框

参照前述方法设置原点和辅助线。利用"矩形工具"▢，参照辅助线，绘制一个矩形，单击属性栏中的"转换为曲线"图标◎，将其转换为曲线。通过属性栏中的轮廓选项，设置轮廓宽度为3.5mm，如图6-38所示。

◇ 2. 绘制衣身基本形

利用"形状工具"▶，参照辅助线，在矩形上边领口位置增加4个节点。移动节点，利用"形状工具"▶调整领座使其形成领座造型。将矩形上边两个端点下移5cm，形成落肩，在矩形中部腰线两侧增加4个节点，分别向内移动节点，利用"形状工具"▶，在矩形周边增加相应节点，拖动相关节点，使其调整为衣身造型，如图6-39所示。

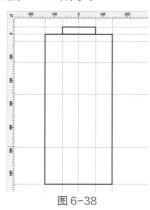

图6-38

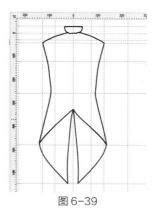

图6-39

◇ 3. 绘制领子、门襟、扣子

利用"手绘工具"✎和"形状工具"▶绘制领子。利用"贝塞尔工具"▶绘制门襟线。利用"椭圆形工具"◯和"手绘工具"✎绘制扣子，如图6-40所示。

◇ 4. 绘制口袋和省位线

利用"手绘工具"✎和"矩形工具"▢，绘制省位线，如图6-41所示。

◇ 5. 绘制袖子

利用"手绘工具"✎和"形状工具"▶，分别绘制袖子，如图6-42所示。

◇ 6. 绘制装饰图案

利用"手绘工具"✎和"形状工具"▶，绘制蝴蝶图案，通过变换大小和位置，再制一个蝴蝶图案，将其放置在相应位置，如图6-43所示。

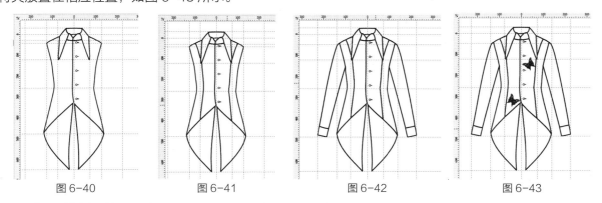

图6-40   图6-41   图6-42   图6-43

◇ 7. 绘制明线和双线

利用"手绘工具"✎、"形状工具"▶和"矩形工具"▢，通过属性栏中的轮廓选项，分别绘制领口、门襟和省位线的虚线明线，如图 6-44 所示。

8. 填充颜色

利用"选择工具" ⬚选中衣身和袖子图形，单击调色板中的蓝光紫色，为衣身和袖子填充蓝光紫色。利用同样的方法，为领子、袖口和装饰图案填充蓝紫色。利用"智能填充工具" ⬚，设置填充颜色为浅灰色，单击服装里子部位，为其填充浅灰色。通过"对象属性"对话框中的渐变填充选项，为扣子填充辐射渐变，如图 6-45 所示。

9. 绘制背面

利用"选择工具" ⬚选中所有图形，通过"变换"对话框中的大小选项，单击"应用"按钮，再制一个中西式上衣图形，将其复制到另一张图纸上。删除领子、门襟扣子和省位线。绘制后中线及其虚线明线，调整领座和袖口造型，即完成了中西式上衣款式图的绘制，如图 6-46 所示。

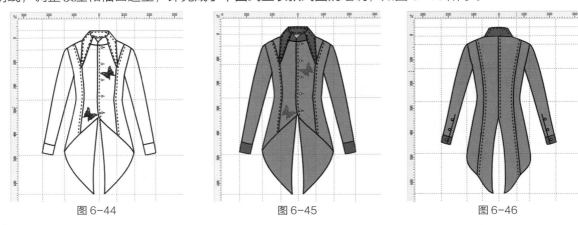

| 图 6-44 | 图 6-45 | 图 6-46 |

6.6　牛仔上衣的设计与表现

牛仔上衣款式图，如图 6-47 所示。

图 6-47

1. 设置原点和辅助线，绘制外框

参照前述方法设置原点和辅助线。利用"矩形工具" ⬚，参照辅助线，绘制一个矩形，单击属性栏中的"转换为曲线"图标 ⬚，将其转换为曲线。通过属性栏中的轮廓选项，设置轮廓宽度为 3.0mm，如图 6-48 所示。

2. 绘制衣身基本形

利用"形状工具" ⬚，参照辅助线，在矩形上边领口位置增加 4 个节点。移动节点，并调整曲线，使其形成领座造型。将矩形上边两个端点下移 5cm，形成落肩。在矩形中部袖窿部位两侧增加两个节点，将袖窿线和腰身部位修画为曲线，使其形成衣身造型，如图 6-49 所示。

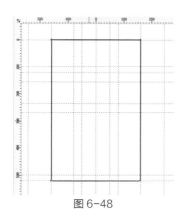

图 6-48

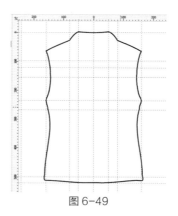

图 6-49

3. 绘制领子、门襟和扣子

利用"手绘工具" ，、"形状工具" ，，分别绘制领子和门襟图形。利用"椭圆形工具" 绘制扣子，如图 6-50 所示。

4. 绘制口袋、拉链和分割线

利用"手绘工具" ，、"形状工具" 和"矩形工具" ，绘制口袋和口袋拉链图形，绘制分割线，如图 6-51 所示。

图 6-50

图 6-51

5. 绘制袖子

利用"手绘工具" 和"形状工具" ，分别绘制袖筒和袖头，如图 6-52 所示。

6. 绘制明线

利用"手绘工具" 和"形状工具" ，通过属性栏中的轮廓选项，分别绘制领子、口袋、分割线、底边、袖子和袖窿处的虚线明线，如图 6-53 所示。

图 6-52

图 6-53

7. 填充颜色

利用"选择工具" ，选中衣身和袖子图形，单击调色板中的天蓝色，为衣身和袖子填充天蓝。利用同样的方法，为领子、衣兜、门襟、底边和袖口填充青色。利用"智能填充工具" ，设置填充颜色为浅灰色，单击服装里子部位，为其填充浅灰色。通过"对象属性"对话框中的渐变填充选项，为扣子填充辐射渐变，如图 6-54 所示。

8. 绘制背面

利用"选择工具" ，选中所有图形，通过"变换"对话框中的大小选项，单击"应用"按钮，再制一个猎装图形，将其复制到另一张图纸上。删除领子、口袋、门襟、扣子和分割线，绘制后片省位线。利用"手绘工具" 、"形状工具" ，绘制后片分割线，调整领座造型，并为其填充相应颜色，即完成了猎装上衣款式图的绘制，如图 6-55 所示。

图 6-54   图 6-55

6.7   传统衣服款式的设计与表现

传统衣服款式图，如图 6-56 所示。

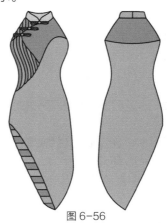

图 6-56

1. 设置原点和辅助线，绘制外框

参照前述方法设置原点和辅助线。利用"矩形工具" ，参照辅助线，绘制大小两个矩形，单击属性栏中的"转换为曲线"图标 ，将其转换为曲线。通过属性栏中的轮廓选项，设置轮廓宽度为 3.0mm，如图 6-57 所示。

2. 绘制衣身基本形

利用"形状工具" ，参照辅助线，在矩形上边领口位置增加若干个节点。移动节点，并调整曲线，使其形成领座造型。在矩形中部两侧增加若干个节点，分别移动节点，形成衣身造型，如图 6-58 所示。

3. 修画相关曲线
利用"形状工具" ，分别调整曲线，使其成为衣身图形，如图 6-59 所示。

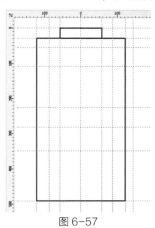 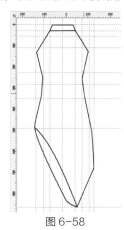 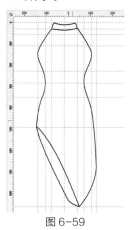

图 6-57   图 6-58   图 6-59

4. 绘制领子和门襟分割线
利用"手绘工具" 和"形状工具" ，分别绘制领子和曲线偏门襟，如图 6-60 所示。

5. 绘制图案
利用"手绘工具" 和"形状工具" ，分别绘制前襟和裙尾部的图案，如图 6-61 所示。

6. 绘制扣子
利用"手绘工具" 和"形状工具" ，通过属性栏中的轮廓选项，绘制扣袢和扣子，如图 6-62 所示。

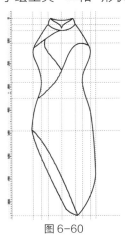 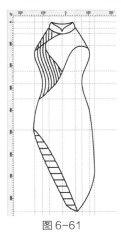 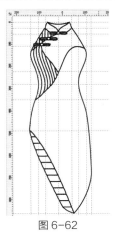

图 6-60   图 6-61   图 6-62

7. 填充颜色
利用"选择工具" 选中衣身前襟图形，单击调色板中的秋橘红色，为衣身前襟填充秋橘红色。利用同样的方法，为领子、裙子填充桃黄色。利用"智能填充工具" ，为左侧前襟和裙尾部图案填充秋橘红和桃黄双色。利用"智能填充工具" ，设置填充颜色为浅灰色，单击服装里子部位，为其填充浅灰色。单击调色板中的浅橘红色，为扣子前襟填充浅橘红色，如图 6-63 所示。

8. 绘制背面
利用"选择工具" 选中所有图形，通过"变换"对话框中的大小选项，单击"应用"按钮，再制一个旗袍图形，将其复制到另一张图纸上。删除领子、前襟和扣子。利用"手绘工具" 和"形状工具" ，绘制后片省位线、后片裙尾和领口分割线，调整领座造型，并为其填充相应颜色，即完成了旗袍款式图的绘制，如图 6-64 所示。

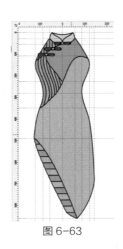
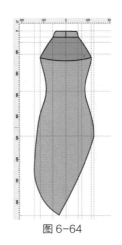

图 6-63　　　　　　　　　　　图 6-64

6.8　大衣款式的设计与表现

大衣款式图，如图 6-65 所示。

图 6-65

1.　设置原点和辅助线，绘制外框

参照前述方法设置原点和辅助线。利用"矩形工具"□，参照辅助线，绘制一个矩形，单击属性栏中的"转换为曲线"图标◎，将其转换为曲线。通过属性栏中的轮廓选项，设置轮廓宽度为 3.0mm，如图 6-66 所示。

2.　绘制衣身基本形

利用"形状工具"�，在矩形周边增加相应节点，拖动相关节点，使其调整为衣身造型，如图 6-67 所示。

3.　绘制领子、门襟、衣兜和扣子

利用"手绘工具"�和"形状工具"�，绘制门襟、领子、衣兜。利用"椭圆形工具"◎，绘制扣子，如图 6-68 所示。

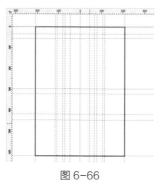
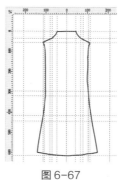
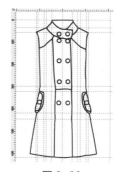

图 6-66　　　　　　　图 6-67　　　　　　　图 6-68

4. 绘制腰带和省位线

利用"手绘工具"✎ 和"矩形工具"▢，绘制腰带图形和省位线，如图6-69所示。

5. 绘制袖子

利用"手绘工具"✎ 和"形状工具"✎，分别绘制袖筒和袖头，如图6-70所示。

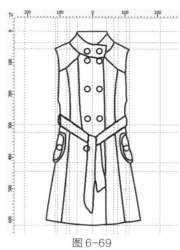

图6-69

图6-70

6. 填充颜色

利用"选择工具"✎选中衣身和袖子图形，单击调色板中的海洋绿色，为衣身和袖子填充海洋绿色。利用同样的方法，为领子、衣兜、腰带、肩部填充粉蓝色。利用"智能填充工具"✎，设置填充颜色为浅灰色，单击服装里子部位，为其填充浅灰色。通过"对象属性"对话框中的渐变填充选项，为扣子填充辐射渐变，如图6-71所示。

7. 绘制背面

利用"选择工具"✎选中所有图形，通过"变换"对话框中的大小选项，单击"应用"按钮，再制一个大衣图形，将其复制到另一张图纸上。删除领子、口袋、腰带、门襟和扣子，绘制后片省位线，调整领座造型和腰带，并为腰带和肩部填充粉蓝色，即完成了大衣款式图的绘制，如图6-72所示。

图6-71

图6-72

第7章 休闲套装款式设计

7.1 短衫超短裤款式设计

⚲01 按 Ctrl+N 键或执行菜单"文件 / 新建"命令，系统会自动新建一个 A4 大小的空白文档。

⚲02 参照如图 7-1 所示设置属性栏，调整文档大小，执行菜单"文件 / 导入"命令，将素材文件夹中名为"7.1"的素材图像导入该文档中，按如图 7-2 所示调整摆放位置。

图 7-1   图 7-2

⚲03 单击工具箱中的"贝塞尔工具" ，参照如图 7-3 所示绘制出人物的线稿轮廓。选择"轮廓工具" ，打开轮廓笔对话框，参数设置如图 7-4 所示，下面对人物进行颜色填充。

图 7-3   图 7-4

⚲04 单击"贝塞尔工具" ，绘制皮肤，其颜色填充如图 7-5 所示，填充后效果如图 7-6 所示。

⚲05 使用"贝塞尔工具" 绘制短裤，选择"均匀填充工具" ，设置对话框如图 7-7 所示，填充后效果如图 7-8 所示。

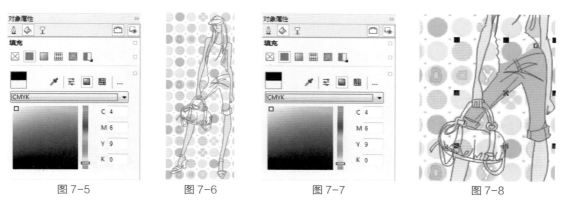

图 7-5　　　　　图 7-6　　　　　图 7-7　　　　　图 7-8

06　将上衣填充为黑色，如图 7-9 所示。选择"贝塞尔工具" ↖ 绘制帽子轮廓。选择"均匀填充工具" ▤ ，设置对话框如图 7-10 所示，填充后效果如图 7-11 所示。

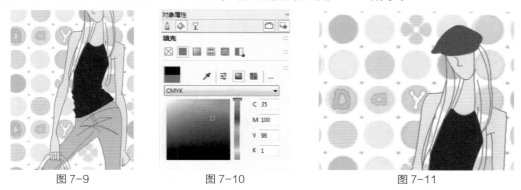

图 7-9　　　　　　　　图 7-10　　　　　　　　图 7-11

07　使用"贝塞尔工具" ↖ 绘制头发，填充颜色如图 7-12 所示，得到图形效果如图 7-13 所示。

08　使用"贝塞尔工具" ↖ 绘制包，使用"均匀填充工具" ▤ 进行填充，如图 7-14 所示，填充后效果如图 7-15 所示。

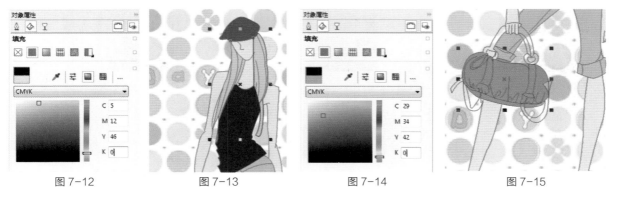

图 7-12　　　　　图 7-13　　　　　图 7-14　　　　　图 7-15

09　使用"贝塞尔工具" ↖ 绘制鞋，颜色填充如图 7-16 所示，得到图形效果如图 7-17 所示。

10　使用"贝塞尔工具" ↖ 绘制鞋的暗部轮廓，暗部颜色填充如图 7-18 所示，得到图形效果如图 7-19 所示。

图 7-16　　　　　　　　　　　图 7-17　　　　　　　　　　　图 7-18

🖊 **11**　参照如图 7-20 所示绘制图形，并填充颜色为黑色。使用"贝塞尔工具" 🖊 绘制包袋明暗轮廓，如图 7-21 所示，其明暗颜色填充如图 7-22 至图 7-24 所示。

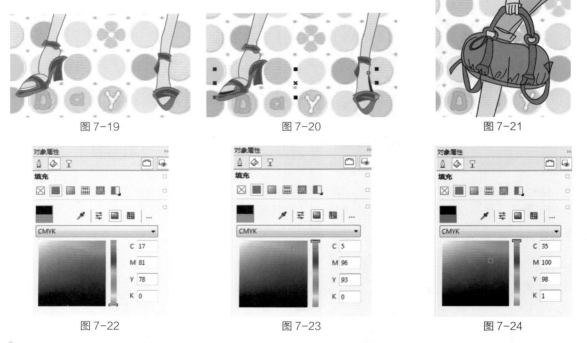

图 7-19　　　　　　　　　　　图 7-20　　　　　　　　　　　图 7-21

图 7-22　　　　　　　　　　　图 7-23　　　　　　　　　　　图 7-24

🖊 **12**　绘制包的明暗部分，为了让包更立体化，可以多绘制几层，并填充适当的颜色，如图 7-25 所示，其颜色设置如图 7-26 和图 7-27 所示。

图 7-25　　　　　　　　　　　图 7-26　　　　　　　　　　　图 7-27

✎ **13**　参照如图 7-28 所示绘制人物的眼睛,并填充颜色为黑色。使用"贝塞尔工具" 绘制人物的嘴,如图 7-29 所示。其明暗颜色填充如图 7-30 和图 7-31 所示。

图 7-28　　　　　　图 7-29　　　　　　图 7-30　　　　　　图 7-31

✎ **14**　选择"贝塞尔工具" 绘制腰带,选择"位图图样填充工具" ,设置对话框如图 7-32 所示,得到图形效果如图 7-33 所示。

✎ **15**　使用"贝塞尔工具" 绘制图形的轮廓,如图 7-34 所示,其颜色填充为黑色。继续使用"贝塞尔工具" 参照图 7-35 所示绘制帽子明暗轮廓,明暗部颜色填充如图 7-36 和图 7-37 所示。

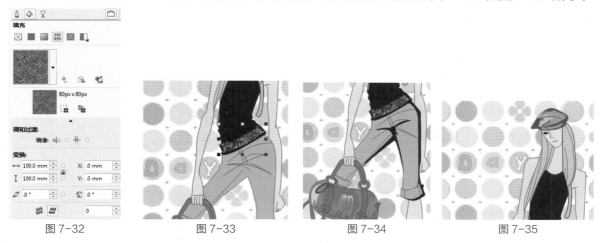

图 7-32　　　　　　图 7-33　　　　　　图 7-34　　　　　　图 7-35

✎ **16**　使用"贝塞尔工具" 绘制人物头发明暗部分的轮廓,如图 7-38 所示。明暗颜色填充如图 7-39 和图 7-40 所示。

图 7-36　　　　　　　　　图 7-37　　　　　　　　　图 7-38

✎ **17**　使用"贝塞尔工具" 绘制人物皮肤暗部的轮廓,暗部颜色填充如图 7-41 所示,得到图形效果如图 7-42 所示。

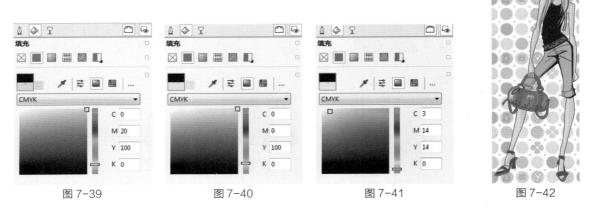

图 7-39   图 7-40   图 7-41   图 7-42

∥ 18   选择"贝塞尔工具" ↘ 绘制上衣明部轮廓，明部颜色填充如图 7-43 所示，得到图形效果如图 7-44 所示。

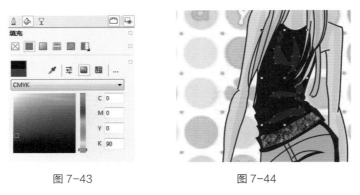

图 7-43   图 7-44

∥ 19   参照图 7-45 所示绘制图形，并填充颜色为白色。使用"贝塞尔工具" ↘ 绘制短裤明部面积轮廓，明部颜色填充如图 7-46 所示，得到图形效果如图 7-47 所示，人物最终效果如图 7-48 所示。

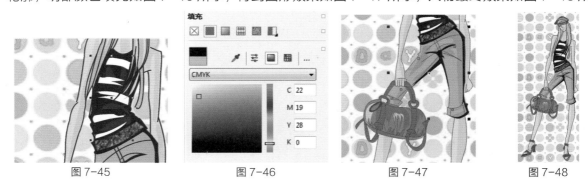

图 7-45   图 7-46   图 7-47   图 7-48

7.2   长衫七分裤款式设计

∥ 01   按 Ctrl+N 键或执行菜单"文件 / 新建"命令，系统会自动新建一个 A4 大小的空白文档。

∥ 02   参照图 7-49 所示设置属性栏，调整文档大小，执行菜单"文件 / 导入"命令，导入"素材"文件夹中的"7.2"素材图像，并调整摆放位置，如图 7-50 所示。

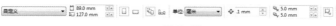

图 7-49

图 7-50

✎ 03　单击工具箱中的"贝塞尔工具" ，参照图 7-51 所示绘制出人物的线稿轮廓。选择"轮廓工具" ，打开轮廓笔对话框，参数设置如图 7-52 所示，下面对人物进行颜色填充。

✎ 04　单击"贝塞尔工具" ，绘制皮肤，其颜色填充如图 7-53 所示，填充后的效果如图 7-54 所示。

图 7-51　　　　　　　　　图 7-52　　　　　　　　　图 7-53　　　　　　　　　图 7-54

✎ 05　选择"贝塞尔工具" 绘制上衣，使用"均匀填充工具" 进行填充，如图 7-55 所示，填充后效果如图 7-56 所示。

✎ 06　选择"贝塞尔工具" 绘制帽子，使用"均匀填充工具" 进行填充，如图 7-57 所示，填充后效果如图 7-58 所示。

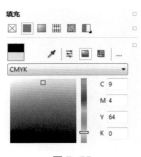

图 7-55　　　　　　　　　图 7-56　　　　　　　　　图 7-57　　　　　　　　　图 7-58

✎ 07　选择"贝塞尔工具" 绘制人物头发，使用"均匀填充工具" 进行填充，如图 7-59 所示，填充后效果如图 7-60 所示。

✎ 08　选择"贝塞尔工具" 绘制围巾，使用"均匀填充工具" 进行填充，如图 7-61 所示，填充后效果如图 7-62 所示。

图 7-59

图 7-60

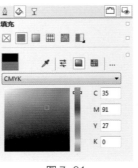
图 7-61

图 7-62

✎ 09　选择"贝塞尔工具" ⃗ 绘制图形的轮廓，选择"底纹填充工具" ▦，设置对话框，如图 7-63 所示，得到图形效果如图 7-64 所示。

✎ 10　选择"贝塞尔工具" ⃗ 绘制靴子的轮廓，使用"均匀填充工具" ■ 进行填充，如图 7-65 所示，得到图形效果如图 7-66 所示。

图 7-63

图 7-64

图 7-65

图 7-66

✎ 11　选择"贝塞尔工具" ⃗ 绘制腿部图形轮廓，选择"底纹填充工具" ▦，设置对话框，如图 7-67 所示，得到图形效果如图 7-68 所示。

✎ 12　选择"贝塞尔工具" ⃗ 绘制短裤，选择"位图图样填充工具" ■，设置对话框，如图 7-69 所示，得到图形效果如图 7-70 所示。

图 7-67

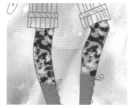
图 7-68

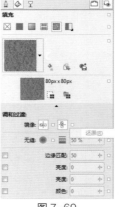
图 7-69

图 7-70

✎ 13　选择"贝塞尔工具" ⃗ 绘制皮肤暗部的轮廓，暗部颜色填充如图 7-71 所示，得到图形效果如图 7-72 所示。

✎ 14　选择"贝塞尔工具" ⃗ 绘制帽子明部的轮廓，明部颜色填充如图 7-73 所示，得到图形效果如图 7-74 所示。

图 7-71

图 7-72

图 7-73

图 7-74

15 选择"贝塞尔工具" 绘制衣服暗部轮廓，暗部颜色填充如图 7-75 所示，得到图形效果如图 7-76 所示。

16 选择"贝塞尔工具" 绘制图形的轮廓，使用"均匀填充工具" 进行填充，如图 7-77 所示，填充后效果如图 7-78 所示。

图 7-75

图 7-76

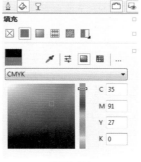
图 7-77

图 7-78

17 选择"贝塞尔工具" 绘制围巾明部的轮廓，明部颜色填充如图 7-79 所示，得到图形效果如图 7-80 所示。

18 选择"贝塞尔工具" 绘制头发明部的轮廓，明部颜色填充如图 7-81 所示，得到图形效果如图 7-82 所示。

图 7-79

图 7-80

图 7-81

图 7-82

19 选择"贝塞尔工具" 绘制图形的轮廓，使用"均匀填充工具" 进行填充，如图 7-83 所示，填充后效果如图 7-84 所示。

20 选择"贝塞尔工具" 继续绘制图形的轮廓，使用"均匀填充工具" 进行填充，如图 7-85 所示，填充后效果如图 7-86 所示。

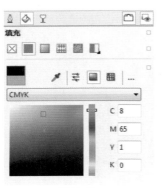

图 7-83

图 7-84

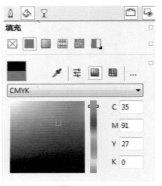

图 7-85

图 7-86

21　选择"贝塞尔工具" 绘制靴子暗部的轮廓，暗部颜色填充如图 7-87 所示，得到图形效果如图 7-88 所示。

22　选择"贝塞尔工具" 继续绘制图形的轮廓，使用"均匀填充工具" ■ 进行填充，如图 7-89 所示，填充后效果如图 7-90 所示。

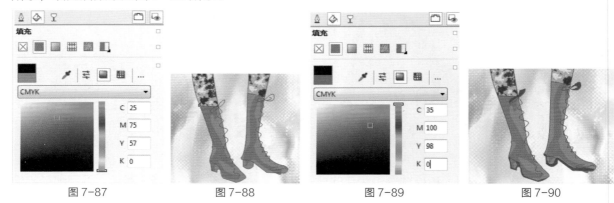

图 7-87　　　　　　　　　图 7-88　　　　　　　　　图 7-89　　　　　　　　　图 7-90

23　参照如图 7-91 所示绘制明暗轮廓，明暗颜色填充如图 7-92 和图 7-93 所示。

24　参照如图 7-94 所示绘制人物眼睛，并填充颜色为黑色。参照如图 7-95 所示继续绘制，其颜色填充为白色。

25　选择"贝塞尔工具" ，参照图 7-96 所示绘制嘴的明暗轮廓，明暗部颜色填充如图 7-97 和图 7-98 所示。

图 7-91

图 7-92

图 7-93

图 7-94

图 7-95

图 7-96

图 7-97

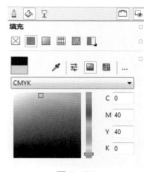

图 7-98

26 使用"椭圆形工具" ◎ ，参照图 7-99 所示绘制图形。其颜色填充如图 7-100 所示。参照如图 7-101 所示复制多个。

图 7-99

图 7-100

图 7-101

27 选择"贝塞尔工具" ✎ 绘制袖口，使用"均匀填充工具" ■ 进行填充，如图 7-102 所示，填充后效果如图 7-103 所示，得到图形最终效果如图 7-104 所示。

图 7-102

图 7-103

图 7-104

7.3 短衫喇叭裤款式设计

01 按 Ctrl+N 键或执行菜单"文件 / 新建"命令，系统会自动新建一个 A4 大小的空白文档。

02 参照如图 7-105 所示设置属性栏，调整文档大小，执行菜单"文件 / 导入"命令，将素材文件夹中名为"7.3"的素材图像导入该文档中，按如图 7-106 所示调整摆放位置。

图 7-105

图 7-106

03 单击工具箱中的"贝塞尔工具" ，参照图 7-107 所示绘制出人物的线稿轮廓。选择"轮廓工具" ，打开轮廓笔对话框，参数设置如图 7-108 所示。

04 选择"贝塞尔工具" 绘制人物皮肤，使用"均匀填充工具" 进行填充，如图 7-109 所示，填充后效果如图 7-110 所示。

05 选择"贝塞尔工具" 绘制衣服，使用"均匀填充工具" 进行填充，如图 7-111 所示，填充后效果如图 7-112 所示。

图 7-107   图 7-108   图 7-109   图 7-110   图 7-111   图 7-112

06 选择"贝塞尔工具" 绘制裤子，使用"均匀填充工具" 进行填充，如图 7-113 所示，填充后效果如图 7-114 所示。

07 选择"贝塞尔工具" 绘制鞋，选择"位图图样填充工具" ，设置对话框如图 7-115 所示，得到图形效果如图 7-116 所示。利用同样的方法，参照图 7-117 所示绘制另一只鞋。

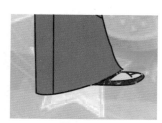

图 7-113   图 7-114   图 7-115   图 7-116

08 参照图 7-118 所示绘制人物头发，其颜色设置为"黑色"。选择"贝塞尔工具" 绘制图形的轮廓，选择"底纹填充工具"，设置对话框如图 7-119 所示，得到图形效果如图 7-120 所示。

图 7-117　　　　　　　　图 7-118　　　　　　　　图 7-119　　　　　　　　图 7-120

09 使用"贝塞尔工具"绘制皮肤的暗部，暗部颜色填充如图 7-121 所示，得到图形效果如图 7-122 所示。

10 使用"贝塞尔工具"绘制头发的明部，明部颜色填充如图 7-123 所示，得到图形效果如图 7-124 所示。

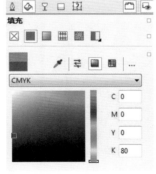

图 7-121　　　　　　　图 7-122　　　　　　　图 7-123　　　　　　　图 7-124

11 使用"贝塞尔工具"，参照图 7-125 所示绘制人物帽子的明暗轮廓，其颜色设置如图 7-126 和图 7-127 所示。

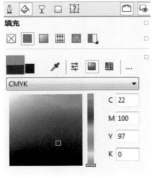

图 7-125　　　　　　　　图 7-126　　　　　　　　图 7-127

12 使用"贝塞尔工具"，参照图 7-128 所示绘制上衣的明暗轮廓，其颜色设置如图 7-129 和图 7-130 所示。

图 7-128

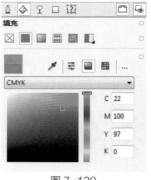

图 7-129

图 7-130

13　选择"贝塞尔工具" 绘制图形的轮廓，使用"均匀填充工具" 进行填充，如图 7-131 所示，填充后效果如图 7-132 所示。

14　选择"交互式透明工具" ，设置属性栏如图 7-133 所示，参照图 7-134 所示绘制并调整图形。

15　使用"贝塞尔工具" ，参照图 7-135 所示绘制裤子的明暗轮廓，其颜色设置如图 7-136 和图 7-137 所示。

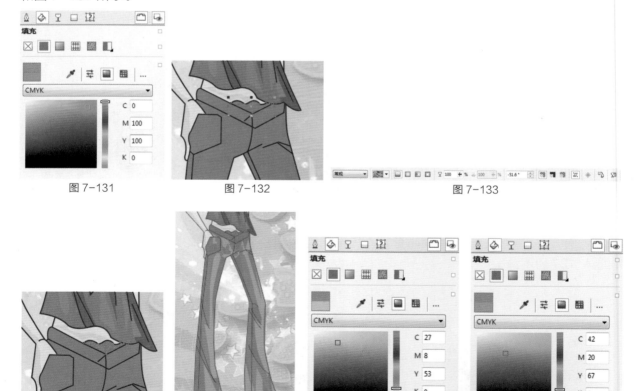

图 7-131　　　　　图 7-132　　　　　　　　　　　图 7-133

图 7-134　　　　图 7-135　　　　　图 7-136　　　　　图 7-137

16　选择"贝塞尔工具" 绘制图形的轮廓，选择"底纹填充工具" ，设置对话框如图 7-138 所示，得到图形效果如图 7-139 所示。

17　使用"贝塞尔工具" ，参照图 7-140 所示绘制曲线轮廓，选择"轮廓工具" ，打开轮廓笔对话框，参数设置如图 7-141 所示。

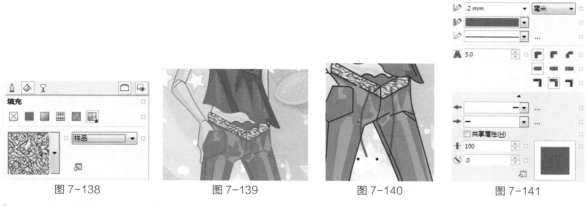

图 7-138　　　　　图 7-139　　　　　图 7-140　　　　　图 7-141

18　选择"艺术笔工具"，设置属性栏如图 7-142 所示，参照图 7-143 所示绘制并调整图形。

19　参照图 7-144 所示绘制人物的眼睛，其颜色设置为黑色，参照图 7-145 所示继续绘制眼睛，颜色设置为白色。

图 7-142

图 7-143　　　　　图 7-144　　　　　图 7-145

20　使用"贝塞尔工具"，参照图 7-146 所示绘制嘴的明暗轮廓，其颜色设置如图 7-147 和图 7-148 所示。得到图形最终效果，如图 7-149 所示。

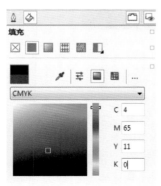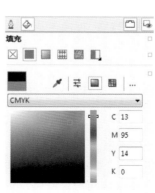

图 7-146　　　　　图 7-147　　　　　图 7-148　　　　　图 7-149

7.4 大格衫体形裤款式设计

01 按 Ctrl+N 键或执行菜单"文件 / 新建"命令，系统会自动新建一个 A4 大小的空白文档。

02 参照图 7-150 所示设置属性栏，调整文档大小，执行菜单"文件 / 导入"命令，将素材文件夹中名为"7.4"的素材图像导入该文档中，按如图 7-151 所示调整摆放位置。

图 7-150

图 7-151

03 单击工具箱中的"贝塞尔工具" ，参照图 7-152 所示绘制出人物的线稿轮廓。选择"轮廓工具"，打开轮廓笔对话框，参数设置如图 7-153 所示。

04 选择"贝塞尔工具" 绘制人物皮肤，使用"均匀填充工具" 进行填充，如图 7-154 所示，填充后效果如图 7-155 所示。

图 7-152   图 7-153   图 7-154   图 7-155

05 选择"贝塞尔工具" 绘制帽子及腿部，使用"均匀填充工具" 进行填充，如图 7-156 所示，填充后效果如图 7-157 所示。

06 选择"贝塞尔工具" 绘制人物头发，使用"均匀填充工具" 进行填充，如图 7-158 所示，填充后效果如图 7-159 所示。

07 选择"贝塞尔工具" 绘制人物上衣，使用"均匀填充工具" 进行填充，如图 7-160 所示，单击"网状填充工具" ，这时出现网格，只需填充适当颜色修饰明暗即可，如图 7-161 所示。

08 选择"透明度工具" ，属性栏设置如图 7-162 所示，参照图 7-163 所示绘制调整图形。

图 7-156   图 7-157   图 7-158   图 7-159

图 7-160   图 7-161   图 7-162   图 7-163

09   选择"贝塞尔工具" 绘制人物的鞋，使用"均匀填充工具" ■ 进行填充，如图 7-164 所示，填充后效果如图 7-165 所示。

10   参照如图 7-166 所示绘制鞋底，其颜色填充为黑色。参照图 7-167 所示绘制手套，其颜色填充为黑色。

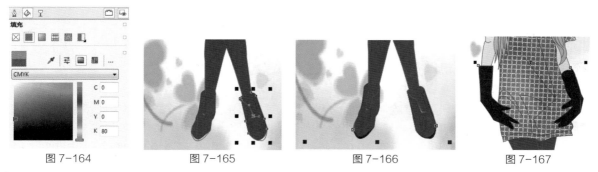

图 7-164   图 7-165   图 7-166   图 7-167

11   使用"贝塞尔工具" 绘制皮肤的暗部，暗部颜色填充如图 7-168 所示，得到图形效果如图 7-169 所示。

12   使用"贝塞尔工具" 绘制帽子的明部轮廓，明部颜色填充如图 7-170 所示，得到图形效果如图 7-171 所示。

13   使用"贝塞尔工具" 绘制头发明部的轮廓，明部颜色填充如图 7-172 所示，得到图形效果如图 7-173 所示。

14   使用"贝塞尔工具" 绘制手套的明部，明部颜色填充如图 7-174 所示，得到图形效果如图 7-175 所示。

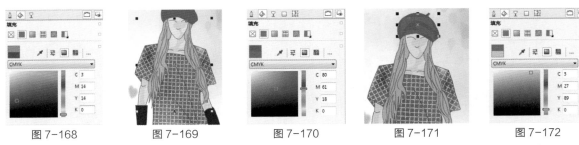

图 7-168 　　图 7-169 　　图 7-170 　　图 7-171 　　图 7-172

🖊 **15** 使用"贝塞尔工具" ↘ 绘制腿的明部，明部颜色填充如图 7-176 所示，得到图形效果如图 7-177 所示。

图 7-173 　　图 7-174 　　图 7-175 　　图 7-176 　　图 7-177

🖊 **16** 使用"贝塞尔工具" ↘ 绘制鞋的明部，明部颜色填充如图 7-178 所示，得到图形效果如图 7-179 所示。

🖊 **17** 参照图 7-180 所示绘制人物眼睛，其颜色填充为黑色，使用"贝塞尔工具" ↘ 绘制人物的眼影，使用"均匀填充工具" ■ 进行填充，如图 7-181 所示，填充后效果如图 7-182 所示。

图 7-178 　　图 7-179 　　图 7-180 　　图 7-181 　　图 7-182

🖊 **18** 参照图 7-183 所示继续绘制眼睛，其颜色填充为白色。参照图 7-184 所示将眼睛水平镜像复制。

🖊 **19** 选择"贝塞尔工具" ↘ ，参照图 7-185 所示绘制嘴部的明暗，其颜色填充如图 7-186 和图 7-187 所示。

图 7-183 　　图 7-184 　　图 7-185 　　图 7-186 　　图 7-187

20　选择"艺术笔工具"，属性栏设置如图 7-188 所示，使用"均匀填充工具"，设置填充工具属性如图 7-189 所示，绘制效果如图 7-190 所示，最终效果如图 7-191 所示。

图 7-188　　　　　图 7-189　　　　　图 7-190　　　　　图 7-191

7.5　低胸衫七分裤款式设计

01　按 Ctrl+N 键或执行菜单"文件 / 新建"命令，系统会自动新建一个 A4 大小的空白文档。

02　参照图 7-192 所示设置属性栏，调整文档大小，执行菜单"文件 / 导入"命令，将素材文件夹中名为"7.5"的素材图像导入该文档中，按如图 7-193 所示调整摆放位置。

03　单击工具箱中的"贝塞尔工具"，参照图 7-194 所示绘制出人物的线稿轮廓。选择"轮廓工具"，打开轮廓笔对话框，参数设置如图 7-195 所示。

图 7-192　　　　　图 7-193　　　　　图 7-194　　　　　图 7-195

04　使用"贝塞尔工具"绘制人物皮肤，使用"均匀填充工具"进行填充，如图 7-196 所示，填充后效果如图 7-197 所示。

05　使用"贝塞尔工具"绘制皮肤的暗部，暗部颜色填充如图 7-198 所示，得到图形效果如图 7-199 所示。

图 7-196　　　　　图 7-197　　　　　图 7-198　　　　　图 7-199

06 参照图 7-200 所示绘制人物头发，其颜色填充为黑色。参照图 7-201 所示绘制头发的明暗，其颜色设置如图 7-202 至图 7-205 所示。

图 7-200

图 7-201

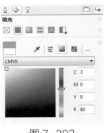

图 7-202

图 7-203

07 参照图 7-206 所示绘制人物的眼睛，并填充为黑色，继续参照图 7-207 所示绘制眼睛，其颜色设置为白色。

图 7-204

图 7-205

图 7-206

图 7-207

08 选择"贝塞尔工具" ，绘制人物的嘴，使用"均匀填充工具" 进行填充，如图 7-208 所示，填充后效果如图 7-209 所示。

图 7-208

图 7-209

09 选择"贝塞尔工具" ，参照图 7-210 所示绘制嘴部的明暗轮廓，其颜色填充如图 7-211 至图 7-213 所示。

图 7-210

图 7-211

图 7-212

图 7-213

10 选择"贝塞尔工具" ↖ 绘制人物的手镯,使用"均匀填充工具" ■ 进行填充,如图 7-214 所示,填充后效果如图 7-215 所示。

11 选择"贝塞尔工具" ↖ 绘制短裤,使用"均匀填充工具" ■ 进行填充,如图 7-216 所示,填充后效果如图 7-217 所示。

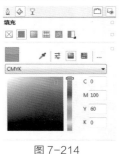
图 7-214

图 7-215

图 7-216

图 7-217

12 选择"贝塞尔工具" ↖ ,参照图 7-218 所示绘制短裤的明暗轮廓,其颜色填充如图 7-219 和图 7-220 所示。

图 7-218

图 7-219

图 7-220

13 选择"贝塞尔工具" ↖ 绘制图形的轮廓,使用"均匀填充工具" ■ 进行填充,如图 7-221 所示,填充后效果如图 7-222 所示。

14 使用"贝塞尔工具" ↖ 绘制图形的明部轮廓,明部颜色填充如图 7-223 所示,得到图形效果如图 7-224 所示。

图 7-221

图 7-222

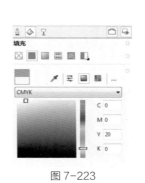
图 7-223

图 7-224

15 选择"贝塞尔工具" ↖ 绘制衣服,选择"底纹填充工具" ▦ ,设置对话框如图 7-225 所示,得到图形效果如图 7-226 所示。利用同样的方法参照图 7-227 所示继续绘制。

16 选择"贝塞尔工具" ↖ 绘制图形的轮廓,使用"底纹填充工具" ▦ ,设置对话框如图 7-228 所示,得到图形效果如图 7-229 所示。利用同样的方法参照图 7-230 所示继续绘制。

图 7-225

图 7-226

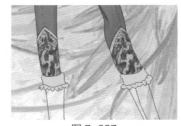

图 7-227

图 7-228

图 7-229

图 7-230

✎ 17 　选择"贝塞尔工具" ➷ 绘制衣服，使用"均匀填充工具" ■ 进行填充，如图 7-231 所示，填充后效果如图 7-232 所示。

✎ 18 　选择"贝塞尔工具" ➷ 绘制衣服的明暗轮廓，明暗颜色填充如图 7-233 和图 7-234 所示，得到图形效果如图 7-235 所示。

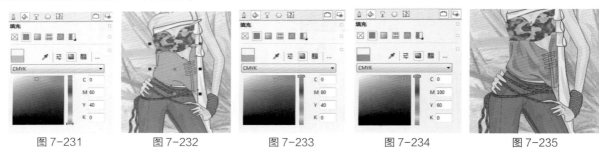

图 7-231 　　　　图 7-232 　　　　图 7-233 　　　　图 7-234 　　　　图 7-235

✎ 19 　选择"贝塞尔工具" ➷ 绘制图形的轮廓，选择"底纹填充工具" ■ ，设置对话框如图 7-236 所示，得到图形效果如图 7-237 所示。

✎ 20 　选择"贝塞尔工具" ➷ 绘制靴子，使用"均匀填充工具" ■ 进行填充，如图 7-238 所示，填充后效果如图 7-239 所示。

图 7-236

图 7-237

图 7-238

图 7-239

✎ 21 　选择"贝塞尔工具" ➷ 绘制靴子的明暗轮廓，明暗颜色填充如图 7-240 和图 7-241 所示，得到图形效果如图 7-242 所示。

图 7-240

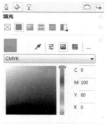

图 7-241

图 7-242

22　参照图 7-243 所示将靴底填充为黑色。 使用"贝塞尔工具" 绘制靴底明部的轮廓，明部颜色填充如图 7-244 所示。

23　图形效果如图 7-245 所示，得到图形最终效果，如图 7-246 所示。

图 7-243

图 7-244

图 7-245

图 7-246

7.6　休闲便装款式设计

01　按 Ctrl+N 键或执行菜单"文件 / 新建"命令，系统会自动新建一个 A4 大小的空白文档。

02　参照图 7-247 所示设置属性栏，调整文档大小，执行菜单"文件 / 导入"命令，将素材文件夹中名为"7.6"的素材图像导入该文档中，按如图 7-248 所示调整摆放位置。

03　单击工具箱中的"贝塞尔工具" ，参照图 7-249 所示绘制出人物的线稿轮廓。选择"轮廓工具"，打开轮廓笔对话框，参数设置如图 7-250 所示。

图 7-247　　　　图 7-248

图 7-249

图 7-250

04　选择"贝塞尔工具" 绘制人物裤子，使用"均匀填充工具" ■ 进行填充，如图 7-251 所示，填充后效果如图 7-252 所示。

05　参照图 7-253 所示绘制裤子暗部面积，其颜色填充为黑色。 选择"贝塞尔工具" 绘制帽子面积轮廓，使用"均匀填充工具" ■ 进行填充，如图 7-254 所示，填充后效果如图 7-255 所示。

图 7-251

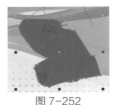
图 7-252

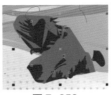
图 7-253

图 7-254

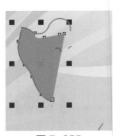
图 7-255

06　选择"贝塞尔工具" 绘制帽子，使用"均匀填充工具"■进行填充，如图 7-256 所示，填充后效果如图 7-257 所示。

07　参照图 7-258 所示绘制帽子的明暗轮廓，颜色填充如图 7-259 至图 7-261 所示。

图 7-256

图 7-257

图 7-258

图 7-259

08　参照图 7-262 所示绘制图形，其颜色填充为白色。选择"贝塞尔工具" 绘制帽子，使用"均匀填充工具"■进行填充，如图 7-263 所示，填充后效果如图 7-264 所示。

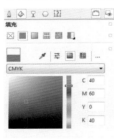

图 7-260

图 7-261

图 7-262

图 7-263

图 7-264

09　选择"贝塞尔工具" 继续绘制帽子，使用"均匀填充工具"■进行填充，如图 7-265 所示，填充后效果如图 7-266 所示。

10　选择"贝塞尔工具" 绘制图形的轮廓，使用"均匀填充工具"■进行填充，如图 7-267 所示，填充后效果如图 7-268 所示。

图 7-265

图 7-266

图 7-267

图 7-268

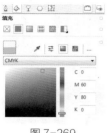

11　选择"贝塞尔工具" 绘制鞋，使用"均匀填充工具" ■ 进行填充，如图 7-269 所示，填充后效果如图 7-270 所示。

12　选择"贝塞尔工具" 绘制图形的轮廓，使用"均匀填充工具" ■ 进行填充，如图 7-271 所示，填充后效果如图 7-272 所示。

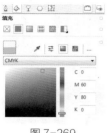

图 7-269　　　　　图 7-270　　　　　图 7-271　　　　　图 7-272

13　选择"贝塞尔工具" 绘制图形的轮廓，使用"均匀填充工具" ■ 进行填充，如图 7-273 所示，填充后效果如图 7-274 所示。

14　选择"贝塞尔工具" 绘制图形的轮廓，使用"均匀填充工具" ■ 进行填充，如图 7-275 所示，填充后效果如图 7-276 所示。

图 7-273　　　　　图 7-274　　　　　图 7-275　　　　　图 7-276

15　选择"贝塞尔工具" ，参照图 7-277 所示绘制图形明暗面积轮廓，其颜色填充如图 7-278 和图 7-279 所示。

图 7-277　　　　　　　　图 7-278　　　　　　　　图 7-279

16　选择"贝塞尔工具" ，参照图 7-280 所示绘制曲线轮廓，选择"轮廓工具" ，打开轮廓笔对话框，参数设置如图 7-281 所示。

17　选择"贝塞尔工具" 绘制图形的轮廓，使用"均匀填充工具" ■ 进行填充，如图 7-282 所示，填充后效果如图 7-283 所示。

18　选择"贝塞尔工具" 绘制图形的轮廓，使用"均匀填充工具" ■ 进行填充，如图 7-284 所示，填充后效果如图 7-285 所示。

19　参照图 7-286 所示绘制图形，其颜色填充为黑色。参照图 7-287 所示绘制手指，其颜色填充为白色。

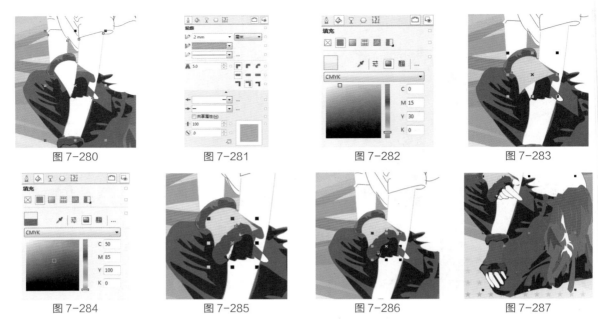

图 7-280   图 7-281   图 7-282   图 7-283

图 7-284   图 7-285   图 7-286   图 7-287

20 选择"贝塞尔工具" 绘制图形的轮廓,使用"均匀填充工具" ■ 进行填充,如图 7-288 所示,填充后效果如图 7-289 所示。

21 选择"贝塞尔工具" 绘制图形的轮廓,使用"均匀填充工具" ■ 进行填充,如图 7-290 所示,填充后效果如图 7-291 所示。

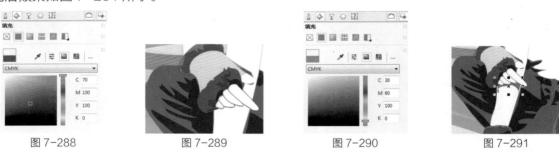

图 7-288   图 7-289   图 7-290   图 7-291

22 选择"贝塞尔工具" 绘制指甲,使用"均匀填充工具" ■ 进行填充,如图 7-292 所示,填充后效果如图 7-293 所示。

23 选择"贝塞尔工具" 绘制图形的轮廓,使用"均匀填充工具" ■ 进行填充,如图 7-294 所示,填充后效果如图 7-295 所示。

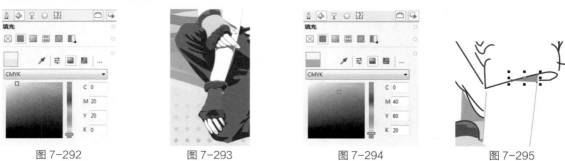

图 7-292   图 7-293   图 7-294   图 7-295

24 参照图 7-296 所示绘制图形,其颜色填充如图 7-297 至图 7-299 所示。参照图 7-300 所示绘制人物的眼睛，其颜色设置为黑色。参照图 7-301 所示继续绘制眼睛，其颜色设置为白色。

图 7-296

图 7-297

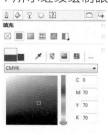
图 7-298

图 7-299

25　使用"贝塞尔工具"，参照图 7-302 所示绘制曲线，选择"轮廓工具"，打开轮廓笔对话框，参数设置如图 7-303 所示。继续使用"贝塞尔工具"参照图 7-304 所示绘制曲线，选择"轮廓工具"，打开轮廓笔对话框，参数设置如图 7-305 所示。

图 7-300

图 7-301

图 7-302

图 7-303

26　使用"贝塞尔工具"，参照图 7-306 所示绘制人物嘴部的明暗轮廓，其颜色设置如图 7-307 至图 7-309 所示。

图 7-304

图 7-305

图 7-306

图 7-307

27　参照图 7-310 所示将人物头发填充为黑色。使用"贝塞尔工具"，参照图 7-311 所示绘制曲线轮廓，选择"轮廓工具"，打开轮廓笔对话框，参数设置如图 7-312 所示。

图 7-308

图 7-309

图 7-310

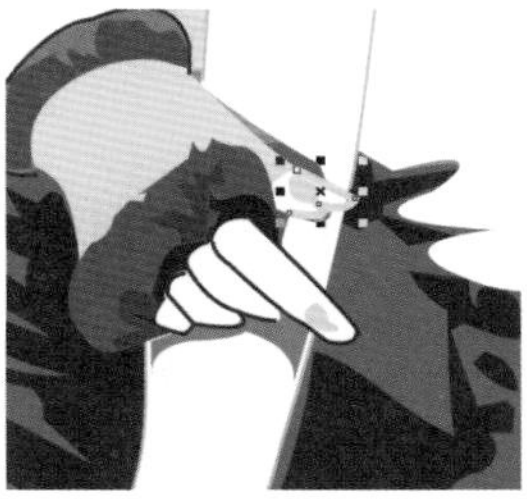

图 7-311

图 7-312

28 选择"贝塞尔工具" 绘制图形的轮廓，使用"均匀填充工具" ■ 进行填充，如图7-313所示，填充后效果如图7-314所示。

29 使用"贝塞尔工具" ，参照图7-315所示绘制曲线轮廓，选择"轮廓工具" ，打开轮廓笔对话框，参数设置如图7-316所示。使用"均匀填充工具" ■ 进行填充，如图7-317所示，填充后效果如图7-318所示。

图7-313　　　　　　　　图7-314　　　　　　　　图7-315　　　　　　　　图7-316

30 使用"贝塞尔工具" ，参照图7-319所示绘制人物上衣的明暗轮廓，其颜色设置如图7-320和图7-321所示。

图7-317　　　　　　图7-318　　　　　　图7-319　　　　　　图7-320　　　　　　图7-321

31 使用"贝塞尔工具" ，参照图7-322所示绘制明暗轮廓，其颜色设置如图7-323和图7-324所示。

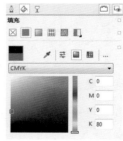

图7-322　　　　　　　　　　图7-323　　　　　　　　　　图7-324

32 使用"贝塞尔工具" 绘制头发明部的轮廓，明部颜色填充如图7-325所示，得到图形效果如图7-326所示。

33 选择"贝塞尔工具" 绘制图形的轮廓，使用"均匀填充工具" ■ 进行填充，如图7-327所示，填充后效果如图7-328所示。

图 7-325

图 7-326

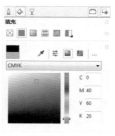
图 7-327

图 7-328

34 使用"贝塞尔工具" 绘制头发暗部的轮廓，暗部颜色填充如图 7-329 所示，得到图形效果如图 7-330 所示。

35 选择"贝塞尔工具" 绘制图形的轮廓，使用"均匀填充工具" 进行填充，如图 7-331 所示，填充后效果如图 7-332 所示。

图 7-329

图 7-330

图 7-331

图 7-332

36 使用"贝塞尔工具"，参照图 7-333 所示绘制人物帽子的明暗轮廓，其颜色设置如图 7-334 和图 7-335 所示。

37 使用"贝塞尔工具"，参照图 7-336 所示绘制曲线轮廓，选择"轮廓工具"，打开轮廓笔对话框，参数设置如图 7-337 所示。

图 7-333

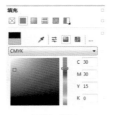
图 7-334

图 7-335

图 7-336

38 选择"艺术笔工具"，属性栏设置如图 7-338 所示，参照图 7-339 所示绘制图形，得到图形最终效果，如图 7-340 所示。

图 7-337

图 7-338

图 7-339

图 7-340

147

7.7　舞台功夫装款式设计

01　按 Ctrl+N 键或执行菜单"文件 / 新建"命令，系统会自动新建一个 A4 大小的空白文档。

02　参照图 7-341 所示设置属性栏，调整文档大小，执行菜单"文件 / 导入"命令，将素材文件夹中名为"7.7"的素材图像导入该文档中，按如图 7-342 所示调整摆放位置。

03　单击工具箱中的"贝塞尔工具"，参照图 7-343 所示绘制出人物的线稿轮廓。选择"轮廓工具"，打开轮廓笔对话框，参数设置如图 7-344 所示。

图 7-341　　　　　　图 7-342　　　　7-343　　　　　图 7-344

04　选择"贝塞尔工具"绘制人物皮肤，使用"均匀填充工具"进行填充，如图 7-345 所示，填充后效果如图 7-346 所示。

05　参照图 7-347 所示绘制人物头发，其颜色设置为黑色。选择"贝塞尔工具"绘制人物的衣裤，使用"均匀填充工具"进行填充，如图 7-348 所示，填充后效果如图 7-349 所示。

图 7-345　　　　图 7-346　　　　图 7-347　　　　图 7-348　　　　图 7-349

06　选择"贝塞尔工具"绘制鞋的轮廓，使用"均匀填充工具"进行填充，如图 7-350 所示，填充后效果如图 7-351 所示。

07　选择"贝塞尔工具"绘制图形的轮廓，选择"底纹填充工具"，设置对话框如图 7-352 所示，得到图形效果如图 7-353 所示。

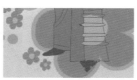

图 7-350　　　　　图 7-351　　　　　图 7-352　　　　　图 7-353

08 使用"贝塞尔工具" 绘制皮肤暗部，暗部颜色填充如图 7-354 所示，得到图形效果如图 7-355 所示。

09 使用"贝塞尔工具" 绘制衣裤的明部，明部颜色填充如图 7-356 所示，得到图形效果如图 7-357 所示。

图 7-354

图 7-355

图 7-356

图 7-357

10 使用"贝塞尔工具" 绘制鞋暗部，暗部颜色填充如图 7-358 所示，得到图形效果如图 7-359 所示。

11 使用"贝塞尔工具" 绘制头发明部，明部颜色填充如图 7-360 所示，得到图形效果如图 7-361 所示。

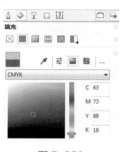

图 7-358

图 7-359

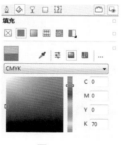
图 7-360

图 7-361

12 选择"贝塞尔工具" 绘制图形的轮廓，选择"位图图样填充工具"，设置对话框如图 7-362 所示，得到图形效果如图 7-363 所示。

13 使用"椭圆形工具" ，参照图 7-364 所示绘制图形，右键单击调色板中的按钮，去除对象轮廓色，选择"图样填充工具"，设置对话框如图 7-365 所示，得到图形效果如图 7-366 所示，参照图 7-367 所示复制图形。

图 7-362

图 7-363

图 7-364

图 7-365

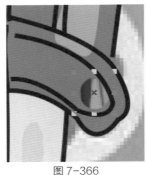
图 7-366

图 7-367

14 选择"贝塞尔工具" 绘制图形的轮廓，选择"位图图样填充工具"，设置对话框如图 7-368 所示，得到图形效果如图 7-369 所示。利用同样的方法继续绘制其他图形，如图 7-370 所示。

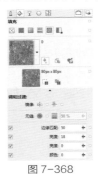
图 7-368

图 7-369

图 7-370

15 参照图 7-371 所示绘制人物的眼睛，其颜色设置为黑色，选择"贝塞尔工具" 绘制眼睛的内部轮廓，使用"均匀填充工具" 进行填充，如图 7-372 所示，填充后效果如图 7-373 所示。

16 使用"贝塞尔工具"，参照图 7-374 所示绘制人物嘴的明暗轮廓，其颜色设置如图 7-375 和图 7-376 所示。

图 7-371

图 7-372

图 7-373

图 7-374

图 7-375

图 7-376

17 选择"贝塞尔工具"，参照图 7-377 所示绘制图形的轮廓，右键单击调色板中的 按钮，去除对象轮廓色，选择"位图图样填充工具"，设置对话框如图 7-378 所示，得到图形效果如图 7-379 所示。再使用"椭圆形工具"，参照图 7-380 所示绘制图形。

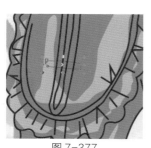

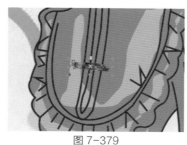
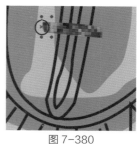

图 7-377　　　　　　　图 7-378　　　　　　　　　　　图 7-379　　　　　　　　　图 7-380

18　右键单击调色板中的⊠按钮，去除对象轮廓色，选择"位图图样填充工具"▦，设置对话框如图 7-381 所示，得到图形效果如图 7-382 所示。参照图 7-383 所示复制图形。

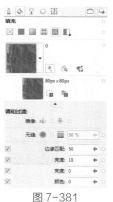
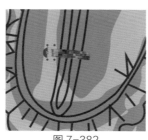
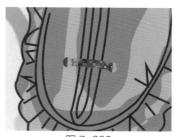

图 7-381　　　　　　　　　图 7-382　　　　　　　　　　　图 7-383

19　将绘制好的图形复制多个，如图 7-384 所示，得到图形最终效果，如图 7-385 所示。

图 7-384　　　　　　　　图 7-385

7.8　短裤套装款式设计

01　按 Ctrl+N 键或执行菜单"文件 / 新建"命令，系统会自动新建一个 A4 大小的空白文档。

02　参照图 7-386 所示设置属性栏，调整文档大小，执行菜单"文件 / 导入"命令，将素材文件夹中名为"7.8"的素材图像导入该文档中，按如图 7-387 所示调整摆放位置。

03　单击工具箱中的"贝塞尔工具"，参照图 7-388 所示绘制人物的线稿轮廓。选择"轮廓工具"，打开轮廓笔对话框，参数设置如图 7-389 所示。

图 7-386 图 7-387 图 7-388 图 7-389

📐 **04** 选择"贝塞尔工具" ，绘制人物皮肤的轮廓，使用"均匀填充工具" 进行填充，如图 7-390 所示，填充后效果如图 7-391 所示。

📐 **05** 参照图 7-392 所示绘制图形，其颜色设置为黑色。参照图 7-393 所示将图形原位置复制，颜色更改如图 7-394 所示。

图 7-390 图 7-391 图 7-392 图 7-393 图 7-394

📐 **06** 选择"透明度工具" ，属性栏设置如图 7-395 所示，参照图 7-396 所示绘制并调整图形。

📐 **07** 选择"贝塞尔工具" ，绘制衣裤，使用"均匀填充工具" 进行填充，如图 7-397 所示，填充后效果如图 7-398 所示。

图 7-395 图 7-396 图 7-397 图 7-398

📐 **08** 选择"贝塞尔工具" ，绘制鞋的轮廓，选择"图样填充工具" ，设置对话框如图 7-399 所示，得到图形效果如图 7-400 所示。利用同样的方法绘制另一只鞋，如图 7-401 所示。

📐 **09** 选择"贝塞尔工具" ，绘制人物头发，使用"均匀填充工具" 进行填充，如图 7-402 所示，填充后效果如图 7-403 所示。

📐 **10** 使用"贝塞尔工具" 绘制皮肤暗部轮廓，暗部颜色填充如图 7-404 所示，得到图形效果如图 7-405 所示。

📐 **11** 使用"贝塞尔工具" 绘制头发明部轮廓，明部颜色填充如图 7-406 所示，得到图形效果如图 7-407 所示。

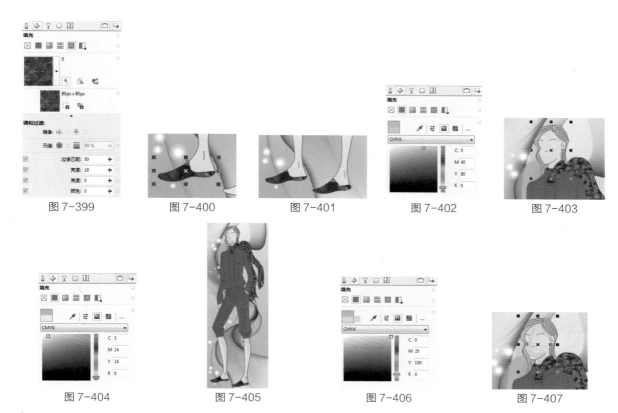

图 7-399　　　　图 7-400　　　　图 7-401　　　　图 7-402　　　　图 7-403

图 7-404　　　　图 7-405　　　　图 7-406　　　　图 7-407

12 使用"贝塞尔工具" ，参照图 7-408 所示绘制人物衣裤明暗轮廓，其颜色设置如图 7-409 至图 7-413 所示。

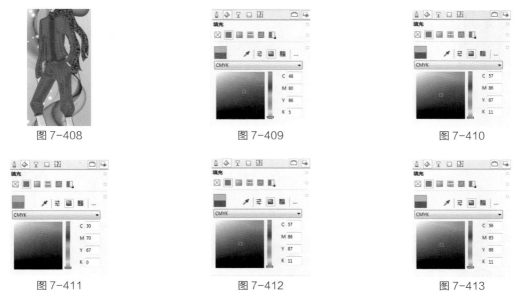

图 7-408　　　　　　　　图 7-409　　　　　　　　图 7-410

图 7-411　　　　　　　　图 7-412　　　　　　　　图 7-413

13 选择"贝塞尔工具" 绘制图形，使用"均匀填充工具" 进行填充，如图 7-414 所示，填充后效果如图 7-415 所示。

14 使用"椭圆形工具" ，参照图 7-416 所示绘制图形，右键单击调色板中的 按钮，去除对象轮廓色，选择"位图图样填充工具" ，设置对话框如图 7-417 所示，得到图形效果如图 7-418 所示，参照图 7-419

所示复制图形。

✎ 15　参照图 7-420 所示绘制人物的眼睛，其颜色设置为黑色，参照图 7-421 所示继续绘制眼睛，设置颜色为白色。

✎ 16　选择"贝塞尔工具"绘制眼影轮廓，使用"均匀填充工具"■进行填充，如图 7-422 所示，填充后效果如图 7-423 所示。使用"贝塞尔工具"，参照图 7-424 所示绘制嘴的明暗轮廓。

✎ 17　颜色设置如图 7-425 和图 7-426 所示，得到图形最终效果如图 7-427 所示。

图 7-414

图 7-415

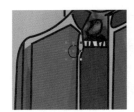
图 7-416

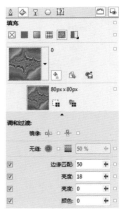
图 7-417

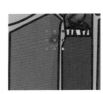
图 7-418

图 7-419

图 7-420

图 7-421

图 7-422

图 7-423

图 7-424

图 7-425

图 7-426

图 7-427

第8章
时尚套裙款式设计

本章知识要点

◆ 青春时尚校园裙款式设计
◆ 长袖衫短裙款式设计
◆ 背心短裙款式设计
◆ 沙滩套装款式设计
◆ 长袖衫斜摆裙款式设计
◆ 秋冬季套裙款式设计

8.1 青春时尚校园裙款式设计

01 按 Ctrl+N 键或执行菜单"文件 / 新建"命令，系统会自动新建一个 A4 大小的空白文档。

02 参照图 8-1 所示设置属性栏，调整文档大小，执行菜单"文件 / 导入"命令，将素材文件夹中名为"8.1"的素材图像导入该文档中，按如图 8-2 所示调整摆放位置。

图 8-1　　　　　　　　　　图 8-2

03 单击工具箱中的"贝塞尔工具" ，参照图 8-3 所示绘制出人物的线稿轮廓。选择"轮廓工具" ，打开轮廓笔对话框，参数设置如图 8-4 所示，下面对人物进行颜色填充。

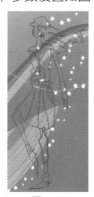

图 8-3　　　　　　　　　图 8-4

04 单击"贝塞尔工具" ，绘制出皮肤明暗轮廓，使用"均匀填充工具" 进行填充，如图 8-5 和图 8-6 所示，填充后的效果如图 8-7 所示。

图 8-5　　　　　　　　　　　　　　图 8-6　　　　　　　　　　　　图 8-7

✏ 05　使用"贝塞尔工具"，参照图 8-8 所示进行绘制，并使用"均匀填充工具"◼填充为白色。继续使用"贝塞尔工具"➘绘制图形轮廓，选择"位图图样填充工具"◙，设置对话框如图 8-9 所示，得到图形效果如图 8-10 所示。利用同样的方法参照图 8-11 所示继续绘制。

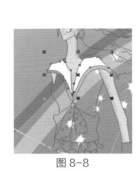

图 8-8　　　　　　　　图 8-9　　　　　　　　　图 8-10　　　　　　　图 8-11

✏ 06　绘制鞋并填充颜色为黑色，如图 8-12 所示。选择"贝塞尔工具"➘绘制鞋底，选择"位图图样填充工具"◙，设置对话框如图 8-13 所示，得到图形效果如图 8-14 所示。

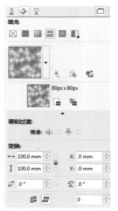

图 8-12　　　　　　　　图 8-13　　　　　　　　图 8-14

✏ 07　选择"贝塞尔工具"➘绘制上衣轮廓，使用"底纹填充工具"▣，设置对话框如图 8-15 所示，得到图形效果如图 8-16 所示。

图 8-15

图 8-16

✒ **08** 　利用同样的方法，参照图 8-17 所示继续绘制。使用"贝塞尔工具"，参照图 8-18 所示绘制轮廓图形，并填充颜色为白色。

✒ **09** 　使用"贝塞尔工具"绘制帽子轮廓，选择"均匀填充工具"，设置对话框如图 8-19 所示，得到图形效果如图 8-20 所示。

图 8-17

图 8-18

图 8-19

图 8-20

✒ **10** 　使用"贝塞尔工具"继续绘制图形轮廓，选择"均匀填充工具"进行填充，如图 8-21 所示，填充后效果如图 8-22 所示。

✒ **11** 　使用"贝塞尔工具"绘制帽子与裙子明部的轮廓，明部颜色填充为"C3 M3 Y60 K0"，得到图形效果如图 8-23 所示。

✒ **12** 　选择"贝塞尔工具"绘制人物头发轮廓，使用"均匀填充工具"进行填充，如图 8-24 所示，填充后的效果如图 8-25 所示。选择"贝塞尔工具"绘制耳环轮廓，使用"均匀填充工具"进行填充，设置其颜色为青色。

图 8-21

图 8-22

图 8-23

图 8-24

图 8-25

✒ **13** 　参照图 8-26 所示绘制头发明暗层次，其颜色设置如图 8-27 至图 8-31 所示。

图 8-26

图 8-27

图 8-28

图 8-29

14 绘制人物的眼睛，并填充颜色为黑色，如图 8-32 所示。

15 使用"贝塞尔工具" 绘制鞋明部轮廓，选择"均匀填充工具" ，设置对话框如图 8-33 所示，填充后得到效果如图 8-34 所示。

图 8-30

图 8-31

图 8-32

图 8-33

16 选择"椭圆形工具" ，参照图 8-35 所示绘制图形，填充颜色为白色。参照图 8-36 所示将白色圆点复制多个，得到图形最终效果，如图 8-37 所示。

图 8-34

图 8-35

图 8-36

图 8-37

8.2 长袖衫短裙款式设计

01 按 Ctrl+N 键或执行菜单"文件 / 新建"命令，系统会自动新建一个 A4 大小的空白文档。

02 参照图 8-38 所示设置属性栏，调整文档大小，执行菜单"文件 / 导入"命令，将素材文件夹中名为"8.2"的素材图像导入该文档中，按如图 8-39 所示调整摆放位置。

图 8-38

🖊 **03**　单击工具箱中的"贝塞尔工具"，参照图 8-40 所示绘制出人物的线稿轮廓。选择"轮廓工具"，打开轮廓笔对话框，参数设置如图 8-41 所示，下面对人物进行颜色填充。

🖊 **04**　选择"贝塞尔工具"绘制皮肤，其颜色设置为"C4 M6 Y9 K0"，填充后得到效果如图 8-42所示。

🖊 **05**　选择"贝塞尔工具"绘制头发，使用"均匀填充工具"进行填充，如图 8-43 所示，填充后效果如图 8-44 所示。

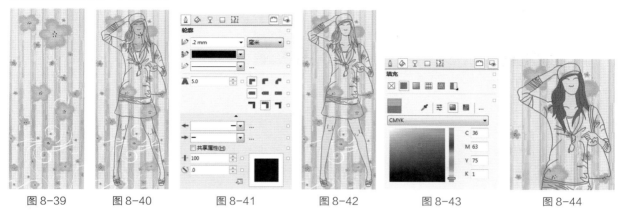

图 8-39　　　　图 8-40　　　　图 8-41　　　　图 8-42　　　　图 8-43　　　　图 8-44

🖊 **06**　使用"贝塞尔工具"绘制帽子，颜色填充如图 8-45 所示，填充后效果如图 8-46 所示。

🖊 **07**　选择"贝塞尔工具"绘制人物上衣，使用"均匀填充工具"进行填充，如图 8-47 所示，填充后效果如图 8-48 所示。

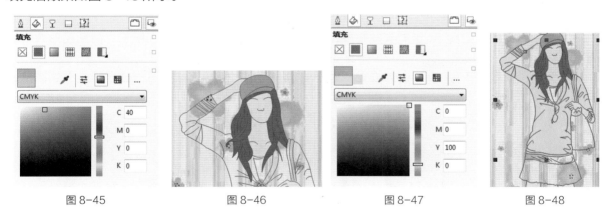

图 8-45　　　　　　　图 8-46　　　　　　　图 8-47　　　　　　　图 8-48

🖊 **08**　使用"贝塞尔工具"绘制皮肤暗部，暗部颜色填充如图 8-49 所示，得到图形效果如图 8-50所示。

🖊 **09**　选择"贝塞尔工具"绘制包的轮廓，使用"均匀填充工具"进行填充，如图 8-51 所示，填充后效果如图 8-52 所示。

🖊 **10**　使用"贝塞尔工具"绘制裙子与领口，使用"均匀填充工具"进行填充，如图 8-53 所示，得到图形效果如图 8-54 所示。

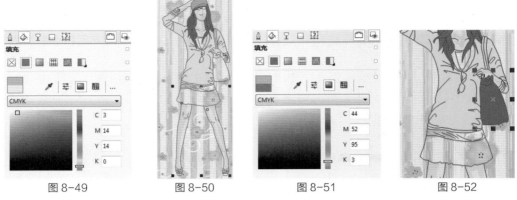

图 8-49 图 8-50 图 8-51 图 8-52

11 单击"贝塞尔工具" ，参照图 8-55 所示绘制帽子明暗轮廓，明暗颜色填充如图 8-56 和图 8-57 所示。

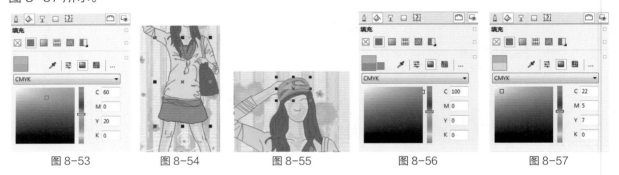

图 8-53 图 8-54 图 8-55 图 8-56 图 8-57

12 使用"贝塞尔工具" 绘制头发暗部轮廓，暗部颜色填充如图 8-58 所示，得到图形效果如图 8-59 所示。

13 使用"贝塞尔工具" 绘制人物上衣暗部轮廓，暗部颜色填充如图 8-60 所示，得到图形效果如图 8-61 所示。

图 8-58 图 8-59 图 8-60 图 8-61

14 使用"贝塞尔工具" 绘制裙子暗部，暗部颜色填充如图 8-62 所示，得到图形效果如图 8-63 所示。

15 使用"贝塞尔工具" ，参照图 8-64 所示绘制鞋明暗轮廓，其明暗颜色填充如图 8-65 和图 8-66 所示。

16 选择"贝塞尔工具" 绘制鞋底轮廓，使用"均匀填充工具" 进行填充，如图 8-67 所示，得到图形效果如图 8-68 所示。

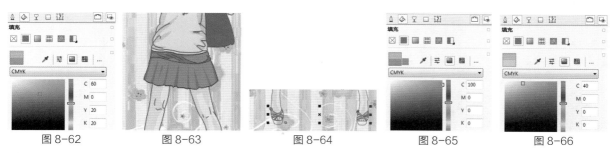

图 8-62　　　　　图 8-63　　　　　图 8-64　　　　　图 8-65　　　　　图 8-66

17　选择"贝塞尔工具"，绘制太阳镜，使用"均匀填充工具"■进行填充，如图 8-69 所示，得到图形效果如图 8-70 所示。

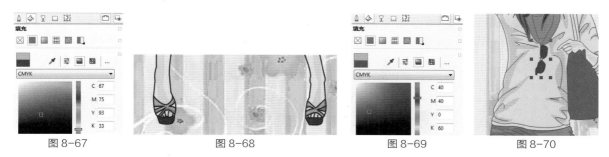

图 8-67　　　　　　　图 8-68　　　　　　　图 8-69　　　　　　　图 8-70

18　使用"贝塞尔工具"，参照图 8-71 所示绘制明暗轮廓，其明暗颜色填充如图 8-72 和图 8-73 所示。

图 8-71　　　　　　　　图 8-72　　　　　　　　图 8-73

19　参照图 8-74 所示绘制图形，其颜色填充为黑色。选择"透明度工具"，属性栏设置如图 8-75 所示，将图形进行调整，得到图形效果如图 8-76 所示。

图 8-74　　　　　　　　图 8-75　　　　　　　　图 8-76

20　使用"贝塞尔工具"绘制包的轮廓，使用"均匀填充工具"■进行填充，如图 8-77 所示，填充后得到效果如图 8-78 所示。

21　选择"透明度工具"，属性栏设置如图 8-79 所示，将图形进行调整，得到效果如图 8-80 所示。

图 8-77　　　　　图 8-78　　　　　　　　　图 8-79　　　　　　　　图 8-80

22　选择"贝塞尔工具" ，绘制包袋的轮廓，使用"均匀填充工具" 进行填充，如图 8-81 所示，填充后效果如图 8-82 所示。

23　将包袋参照图 8-83 所示原位置复制，其设置颜色如图 8-84 所示，选择"透明度工具" ，属性栏设置如图 8-85 所示，将图形进行调整，得到效果如图 8-86 所示。

图 8-81　　　　　　　　图 8-82　　　　　　　　图 8-83　　　　　　　　图 8-84

24　参照图 8-87 所示绘制人物的眼睛，其颜色填充为黑色。参照图 8-88 所示继续绘制，其颜色填充为白色。

图 8-85　　　　　　　　图 8-86　　　　　　　　图 8-87　　　　　　　　图 8-88

25　选择"贝塞尔工具" ，参照图 8-89 所示绘制人物嘴部的明暗轮廓，明暗部颜色填充如图 8-90 和图 8-91 所示。

图 8-89　　　　　　　　图 8-90　　　　　　　　图 8-91

26　选择"艺术笔工具" ，属性栏设置如图 8-92 所示，参照图 8-93 所示绘制图形并调整摆放位置，得到图形最终效果如图 8-94 所示。

图 8-92 图 8-93 图 8-94

8.3 背心短裙款式设计

✎ **01** 按 Ctrl+N 键或执行菜单"文件 / 新建"命令，系统会自动新建一个 A4 大小的空白文档。

✎ **02** 参照图 8-95 所示设置属性栏，调整文档大小，执行菜单"文件 / 导入"命令，将素材文件夹中名为"8.3"的素材图像导入该文档中，按如图 8-96 所示调整摆放位置。

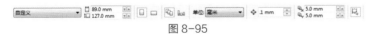

图 8-95 图 8-96

✎ **03** 单击工具箱中的"贝塞尔工具" ，参照图 8-97 所示绘制出人物的线稿轮廓。选择"轮廓工具" ，打开轮廓笔对话框，参数设置如图 8-98 所示，下面对人物进行颜色填充。

✎ **04** 单击"贝塞尔工具" ，绘制皮肤面积轮廓，其颜色填充如图 8-99 所示，填充后得到效果如图 8-100 所示。

图 8-97 图 8-98 图 8-99 图 8-100

✎ **05** 选择"贝塞尔工具" 绘制帽子，使用"均匀填充工具"■进行填充，如图 8-101 所示，填充后得到效果如图 8-102 所示。

⚓ **06** 选择"贝塞尔工具" ⬚ 绘制帽子装饰带,选择"位图图样填充工具" ⬚ ,设置对话框如图 8-103 所示,得到图形效果如图 8-104 所示。

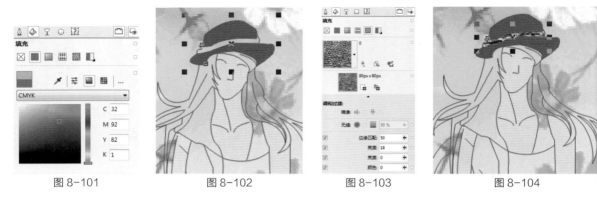

| 图 8-101 | 图 8-102 | 图 8-103 | 图 8-104 |

⚓ **07** 使用"贝塞尔工具" ⬚ 绘制衣服,使用"均匀填充工具" ⬚ 进行填充,如图 8-105 所示,填充后效果如图 8-106 所示。

⚓ **08** 选择"贝塞尔工具" ⬚ 绘制人物头发,使用"均匀填充工具" ⬚ 进行填充,如图 8-107 所示,填充后效果如图 8-108 所示。

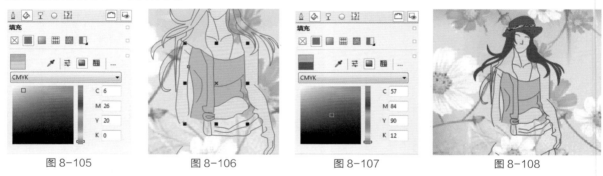

| 图 8-105 | 图 8-106 | 图 8-107 | 图 8-108 |

⚓ **09** 选择"贝塞尔工具" ⬚ 绘制靴子,使用"均匀填充工具" ⬚ 进行填充,如图 8-109 所示,填充后效果如图 8-110 所示。

⚓ **10** 选择"贝塞尔工具" ⬚ 绘制裙子,使用"均匀填充工具" ⬚ 进行填充,如图 8-111 所示,填充后效果如图 8-112 所示。

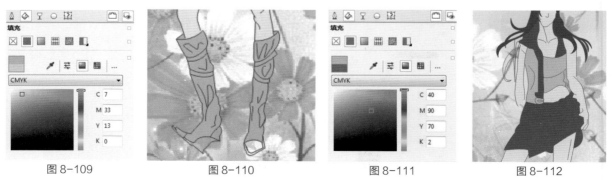

| 图 8-109 | 图 8-110 | 图 8-111 | 图 8-112 |

⚓ **11** 选择"贝塞尔工具" ⬚ 绘制图形,使用"均匀填充工具" ⬚ 进行填充,如图 8-113 所示,填充后效果如图 8-114 所示。选择"贝塞尔工具" ⬚ 绘制人物头发明部轮廓,明部颜色填充为宝石红。

12　选择"贝塞尔工具"，参照图 8-115 所示绘制帽子及裙子明暗轮廓，明暗部颜色填充如图 8-116 至图 8-119 所示。

图 8-113　　　图 8-114　　　图 8-115　　　图 8-116　　　图 8-117

13　选择"贝塞尔工具"绘制靴子暗部轮廓，暗部颜色填充如图 8-120 所示，得到图形效果如图 8-121 所示。

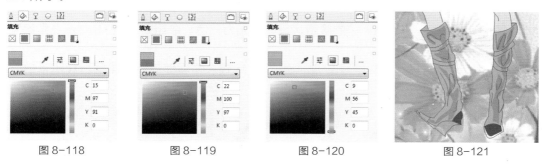

图 8-118　　　图 8-119　　　图 8-120　　　图 8-121

14　参照图 8-122 所示绘制鞋靴装饰带，其明暗部颜色填充如图 8-123 和图 8-124 所示。

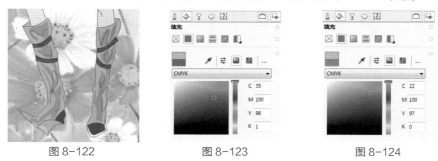

图 8-122　　　图 8-123　　　图 8-124

15　使用"贝塞尔工具"绘制图形，使用"均匀填充工具"进行填充，如图 8-125 所示，填充后效果如图 8-126 所示。

16　使用"贝塞尔工具"，参照图 8-127 所示绘制暗部轮廓，暗部颜色填充如图 8-128 所示。

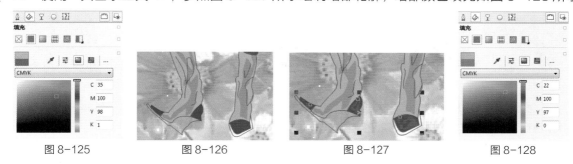

图 8-125　　　图 8-126　　　图 8-127　　　图 8-128

17 选择"贝塞尔工具" ，参照图 8-129 所示绘制衣服明暗轮廓，其明暗颜色填充如图 8-130 和图 8-131 所示。

18 选择"贝塞尔工具" ，绘制皮肤暗部轮廓，暗部颜色填充如图 8-132 所示，得到图形效果如图 8-133 所示。

图 8-129

图 8-130

图 8-131

图 8-132

图 8-133

19 参照图 8-134 所示绘制人物的眼睛，颜色填充为黑色。参照图 8-135 所示继续绘制，颜色填充为白色。

20 单击"贝塞尔工具" ，参照图 8-136 所示绘制人物嘴部的明暗轮廓，其明暗部颜色填充如图 8-137 和图 8-138 所示。

图 8-134

图 8-135

图 8-136

图 8-137

图 8-138

21 使用"贝塞尔工具" ，参照图 8-139 所示绘制鞋底明暗部轮廓，其明暗部颜色填充如图 8-140 和图 8-141 所示。

22 选择"贝塞尔工具" 绘制图形，选择"位图图样填充工具" ，设置对话框如图 8-142 所示，得到图形效果如图 8-143 所示。

图 8-139

图 8-140

图 8-141

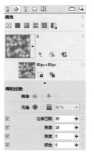
图 8-142

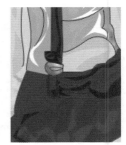
图 8-143

23 选择"艺术笔工具" ，其属性栏设置如图 8-144 至图 8-146 所示，参照图 8-147 所示绘制图形并调整摆放位置，得到图形最终效果如图 8-148 所示。

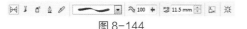
图 8-144

图 8-145

图 8-146

图 8-147　　　　　　　　　图 8-148

8.4　沙滩套装款式设计

01　按 Ctrl+N 键或执行菜单"文件 / 新建"命令，系统会自动新建一个 A4 大小的空白文档。

02　执行菜单"文件 / 导入"命令，将素材文件夹中名为"8.4"的素材图像导入该文档中，调整摆放位置。

03　单击工具箱中的"贝塞尔工具"，参照图 8-149 所示绘制出人物的线稿轮廓。选择"轮廓工具"，打开轮廓笔对话框，参数设置如图 8-150 所示，下面对人物进行颜色填充。

04　单击"贝塞尔工具"，绘制皮肤，其颜色填充如图 8-151 所示，填充后得到效果如图 8-152 所示。

图 8-149　　　　　　图 8-150　　　　　　　　图 8-151　　　　　　图 8-152

05　选择"贝塞尔工具"绘制皮肤暗部轮廓，暗部颜色填充如图 8-153 所示，得到图形效果如图 8-154 所示。

06　选择"贝塞尔工具"绘制裙子明暗轮廓，明暗部颜色填充如图 8-155 和图 8-156 所示，得到图形效果如图 8-157 所示。

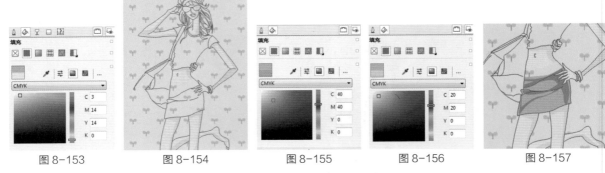

图 8-153　　　　图 8-154　　　　图 8-155　　　　图 8-156　　　　图 8-157

✎ 07　使用"贝塞尔工具" ▏◟ 参照图 8-158 所示绘制图形轮廓，并填充颜色为黑色。

✎ 08　使用"贝塞尔工具" ▏◟ 绘制图形轮廓，使用"均匀填充工具" ▓ 进行填充，如图 8-159 所示，选择"网格填充工具" ▓，这时出现网格，现在只需要填充适当颜色修饰明暗就可以，如图 8-160 所示。

✎ 09　利用同样的方法，使用"贝塞尔工具" ▏◟ 绘制图形轮廓，使用"均匀填充工具" ▓ 进行填充，如图 8-161 所示，选择"交互式网格填充工具"，这时出现网格，现在只需要填充适当颜色修饰明暗就可以，如图 8-162 所示。

图 8-158　　　　图 8-159　　　　图 8-160　　　　图 8-161　　　　图 8-162

✎ 10　使用"贝塞尔工具" ▏◟ 绘制出领口，使用"均匀填充工具" ▓ 进行填充，如图 8-163 所示，填充后效果如图 8-164 所示。

✎ 11　使用"贝塞尔工具" ▏◟ 绘制出人物的嘴，使用"均匀填充工具" ▓ 进行填充，如图 8-165 所示，填充后效果如图 8-166 所示。

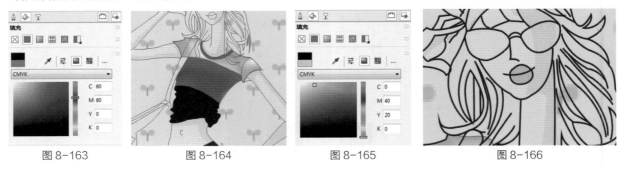

图 8-163　　　　图 8-164　　　　图 8-165　　　　图 8-166

✎ 12　选择"贝塞尔工具" ▏◟，参照图 8-167 所示绘制曲线轮廓，选择"轮廓笔工具" ◈，打开轮廓笔对话框，参数设置如图 8-168 所示，效果如图 8-169 所示。

✎ 13　使用"贝塞尔工具" ▏◟ 绘制图形面积轮廓，使用"均匀填充工具" ▓ 进行填充，如图 8-170 所示，填充后效果如图 8-171 所示。

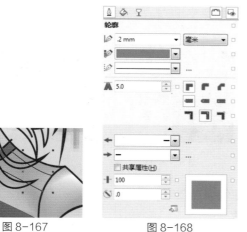

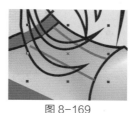

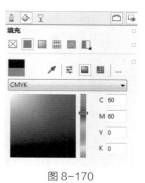

图 8-167　　　　　　　　图 8-168　　　　　　　　图 8-169　　　　　　　　图 8-170

14　选择"贝塞尔工具" ，参照图 8-172 所示绘制曲线轮廓，选择"轮廓笔工具" ，打开轮廓笔对话框，参数设置如图 8-173 所示，效果如图 8-174 所示。

图 8-171　　　　　　　　图 8-172　　　　　　　　图 8-173　　　　　　　　图 8-174

15　参照图 8-175 所示在人物肩部绘制图形，并填充颜色为黑色。继续参照图 8-176 所示绘制图形，颜色填充为白色。

16　使用"贝塞尔工具" 绘制图形，使用"均匀填充工具" 进行填充，如图 8-177 所示，填充后效果如图 8-178 所示。

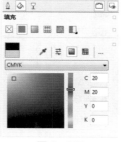

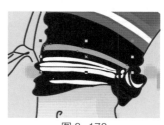

图 8-175　　　　　　　　图 8-176　　　　　　　　图 8-177　　　　　　　　图 8-178

17　使用"贝塞尔工具" 绘制图形，使用"均匀填充工具" 进行填充，如图 8-179 所示，填充后效果如图 8-180 所示。

18　使用"贝塞尔工具" 绘制图形，使用"均匀填充工具" 进行填充，如图 8-181 所示，填充后效果如图 8-182 所示。

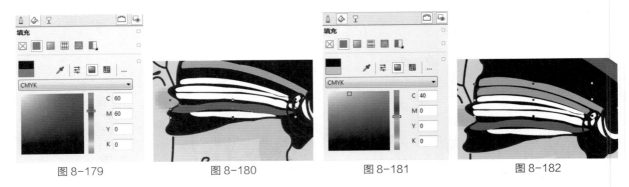

图 8-179   图 8-180   图 8-181   图 8-182

19   使用 "贝塞尔工具" 绘制图形，使用 "均匀填充工具" 进行填充，如图 8-183 所示，填充后效果如图 8-184 所示。

20   使用 "贝塞尔工具" 绘制图形明暗轮廓，明暗部颜色填充如图 8-185 和图 8-186 所示。得到图形效果如图 8-187 所示。

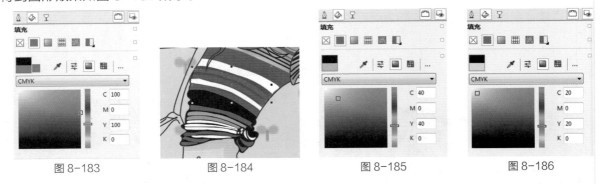

图 8-183   图 8-184   图 8-185   图 8-186

21   使用 "贝塞尔工具" 绘制出人物头发，使用 "均匀填充工具" 进行填充，如图 8-188 所示，填充后效果如图 8-189 所示。

22   使用 "贝塞尔工具" 绘制头发明暗轮廓，明暗部颜色填充为紫红、灰紫红、深红、宝石红，得到图形效果如图 8-190 所示。

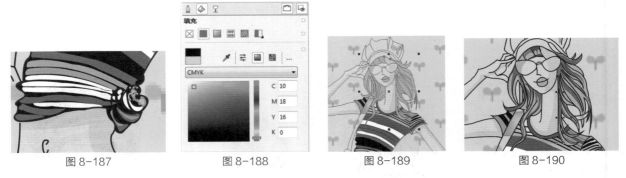

图 8-187   图 8-188   图 8-189   图 8-190

23   使用 "贝塞尔工具" 绘制出人物的太阳镜，使用 "均匀填充工具" 进行填充，如图 8-191 所示，填充后效果如图 8-192 所示。

24   使用 "贝塞尔工具" 绘制太阳镜明暗轮廓，明暗部颜色填充如图 8-193 至图 8-195 所示。得到图形效果如图 8-196 所示。

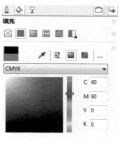
图 8-191

图 8-192

图 8-193

图 8-194

25 使用"贝塞尔工具" 绘制帽子的明暗轮廓，明暗部颜色填充如图 8-197 和图 8-198 所示，得到图形效果如图 8-199 所示。

图 8-195

图 8-196

图 8-197

图 8-198

26 参照图 8-200 所示绘制包，其颜色填充为白色。使用"贝塞尔工具" 绘制图形，使用"均匀填充工具" 进行填充，如图 8-201 所示，填充后效果如图 8-202 所示。

图 8-199

图 8-200

图 8-201

图 8-202

27 使用"贝塞尔工具" 绘制图形，使用"均匀填充工具" 进行填充，如图 8-203 所示，填充后效果如图 8-204 所示。

28 使用"贝塞尔工具" 绘制手镯明暗轮廓，明暗部颜色填充如图 8-205 和图 8-206 所示，得到图形效果如图 8-207 所示，得到最终图形效果如图 8-208 所示。

图 8-203

图 8-204

图 8-205

图 8-206

图 8-207

图 8-208

8.5 长袖衫斜摆裙款式设计

✐ 01 按 Ctrl+N 键或执行菜单 "文件 / 新建" 命令，系统会自动新建一个 A4 大小的空白文档。

✐ 02 参照图 8-209 所示设置属性栏，调整文档大小，执行菜单 "文件 / 导入" 命令，将素材文件夹中名为 "8.5" 的素材图像导入该文档中，按如图 8-210 所示调整摆放位置。

图 8-209

✐ 03 单击工具箱中的 "贝塞尔工具" ，参照图 8-211 所示绘制出人物的线稿轮廓。选择 "轮廓工具"，打开轮廓笔对话框，参数设置如图 8-212 所示。

✐ 04 选择 "贝塞尔工具" ，绘制人物皮肤面积轮廓，使用 "均匀填充工具" 进行填充，如图 8-213 所示，填充后效果如图 8-214 所示。

图 8-210

图 8-211

图 8-212

图 8-213

图 8-214

✐ 05 选择 "贝塞尔工具" 绘制衣服图形，选择 "底纹填充工具" ，设置对话框如图 8-215 所示，得到图形效果如图 8-216 所示。

✐ 06 选择 "贝塞尔工具" 绘制帽子，选择 "底纹填充工具" ，设置对话框，如图 8-217 所示，得到图形效果如图 8-218 所示。

图 8-215

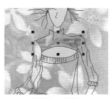

图 8-216

图 8-217

图 8-218

07 选择"贝塞尔工具" 绘制衣服图形,选择"底纹填充工具" ,设置对话框如图 8-219 所示,得到图形效果如图 8-220 所示。

08 选择"贝塞尔工具" 绘制衣服图形,选择"底纹填充工具" ,设置对话框如图 8-221 所示,得到图形效果如图 8-222 所示。利用同样的方法继续绘制,如图 8-223 所示。

图 8-219

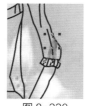

图 8-220

图 8-221

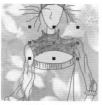

图 8-222

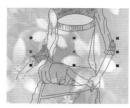

图 8-223

09 参照图 8-224 所示,将衣袖填充颜色为白色,选择"贝塞尔工具" 绘制人物衣袖,使用"均匀填充工具" 进行填充,如图 8-225 所示,填充后效果如图 8-226 所示。

10 选择"透明度工具" ,属性栏设置如图 8-227 所示,参照图 8-228 所示绘制调整图形。利用同样的方法绘制另一只衣袖,如图 8-229 所示。

图 8-224

图 8-225

图 8-226

图 8-227

图 8-228

图 8-229

11 参照图 8-230 所示将衣服局部填充为白色,选择"贝塞尔工具" 绘制图形,选择"底纹填充工具" ,设置对话框如图 8-231 所示,效果如图 8-232 所示。

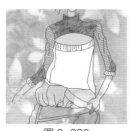

图 8-230

图 8-231

图 8-232

12 使用"贝塞尔工具" 绘制袖口暗部,暗部颜色填充如图 8-233 所示,得到图形效果如图 8-234 所示。

13 选择"贝塞尔工具" 绘制图形,使用"底纹填充工具" ,设置对话框如图 8-235 所示,得到图形效果如图 8-236 所示。

图 8-233　　　　　　　图 8-234　　　　　　　图 8-235　　　　　　　图 8-236

🖊 **14**　　选择"贝塞尔工具" ↖ 绘制图形，选择"图样填充工具" ▦，设置对话框如图 8-237 所示，得到图形效果如图 8-238 所示。

🖊 **15**　　选择"粗糙笔刷工具" ✍，属性栏设置如图 8-239 所示，参照图 8-240 所示绘制图形。选择"贝塞尔工具" ↖ 绘制图形，使用"底纹填充工具"，设置对话框如图 8-241 所示，得到图形效果如图 8-242 所示。

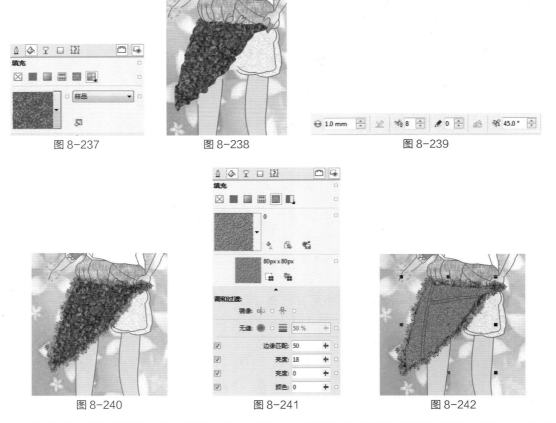

图 8-237　　　　　　　图 8-238　　　　　　　图 8-239

图 8-240　　　　　　　图 8-241　　　　　　　图 8-242

🖊 **16**　　选择"贝塞尔工具" ↖ 绘制图形，使用"位图图样填充工具" ▦，设置对话框如图 8-243 所示，得到图形效果如图 8-244 所示。

🖊 **17**　　使用"贝塞尔工具" ↖ 绘制皮肤暗部轮廓，暗部颜色填充如图 8-245 所示，得到图形效果如图 8-246 所示。

🖊 **18**　　选择"贝塞尔工具" ↖ 绘制衣服，使用"均匀填充工具" ■ 进行填充，如图 8-247 所示，填充后效果如图 8-248 所示。

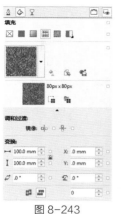

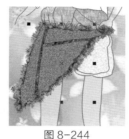

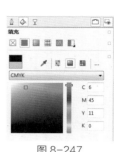

图 8-243　　　　　　图 8-244　　　　　　图 8-245　　　　　　图 8-246　　　　　　图 8-247

19 选择"透明度工具" ，属性栏设置如图 8-249 所示，参照图 8-250 所示绘制调整图形。

图 8-248　　　　　　　　　　　　图 8-249　　　　　　　　　　　　图 8-250

20 参照图 8-251 所示将鞋填充为白色，选择"贝塞尔工具" ，参照图 8-252 所示绘制嘴部明暗轮廓，其颜色填充如图 8-253 和图 8-254 所示。

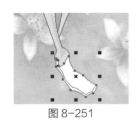

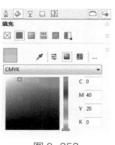

图 8-251　　　　　　图 8-252　　　　　　图 8-253　　　　　　图 8-254

21 参照图 8-255 所示将人物眼睛填充为黑色，参照图 8-256 所示继续绘制眼睛，其颜色填充为白色。

22 选择"贝塞尔工具" 绘制人物眼影，使用"均匀填充工具" 进行填充，如图 8-257 所示，填充后效果如图 8-258 所示。

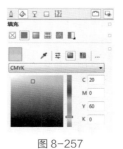

图 8-255　　　　　　图 8-256　　　　　　图 8-257　　　　　　图 8-258

23 选择"贝塞尔工具" ，参照图 8-259 所示绘制手臂皮肤明暗轮廓，其颜色设置如图 8-260 和图 8-261 所示。

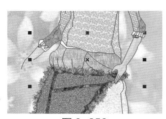

图 8-259　　　　　　　　　图 8-260　　　　　　　　　图 8-261

24 选择"贝塞尔工具" 绘制图形，使用"位图图样填充工具" ，设置对话框如图 8-262 所示，得到图形效果如图 8-263 所示。

25 选择"贝塞尔工具" 绘制图形，使用"底纹填充工具" ，设置对话框如图 8-264 所示，得到图形效果如图 8-265 所示。

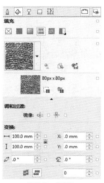

图 8-262　　　　　　图 8-263　　　　　　图 8-264　　　　　　图 8-265

26 使用"贝塞尔工具" ，参照图 8-266 所示绘制曲线轮廓，选择"轮廓工具" ，打开轮廓笔对话框，参数设置如图 8-267 所示。

27 使用"贝塞尔工具" ，参照图 8-268 所示绘制曲线轮廓，选择"轮廓工具" ，打开轮廓笔对话框，参数设置如图 8-269 所示。

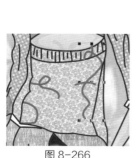

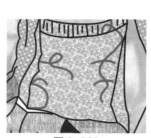

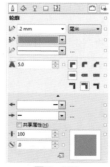

图 8-266　　　　　　图 8-267　　　　　　图 8-268　　　　　　图 8-269

28 使用"贝塞尔工具" ，参照图 8-270 所示绘制头发明暗轮廓，其颜色设置如图 8-271 和图 8-272 所示。

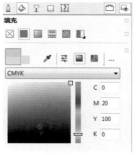

图 8-270　　　　　　　　　图 8-271　　　　　　　　　图 8-272

29　选择"艺术笔工具"，属性栏设置如图 8-273 所示，参照图 8-274 所示绘制图形并调整。继续使用该工具，其属性栏设置如图 8-275 所示，参照图 8-276 所示绘制并调整图形。

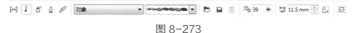

图 8-273

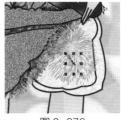

图 8-274　　　　　　　　　图 8-275　　　　　　　　　图 8-276

30　选择"贝塞尔工具"绘制图形，使用"均匀填充工具"进行填充，如图 8-277 所示，填充后效果如图 8-278 所示。参照图 8-279 所示将图形复制多个，得到图形最终效果如图 8-280 所示。

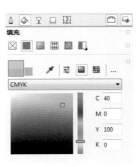

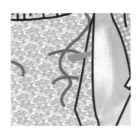

图 8-277　　　　　　图 8-278　　　　　　图 8-279　　　　　　图 8-280

8.6　秋冬季套裙款式设计

01　按 Ctrl+N 键或执行菜单"文件 / 新建"命令，系统会自动新建一个 A4 大小的空白文档。

02　执行菜单"文件 / 导入"命令，将素材文件夹中名为"8.6"的素材图像导入该文档中，按如图 8-281 所示调整摆放位置。

03 单击工具箱中的"贝塞尔工具" ，参照图 8-282 所示绘制出人物的线稿轮廓。选择"轮廓工具" ，打开轮廓笔对话框，参数设置如图 8-283 所示。

图 8-281

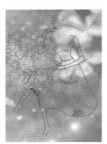
图 8-282

图 8-283

04 选择"贝塞尔工具" 绘制人物皮肤，使用"均匀填充工具" 进行填充，如图 8-284 所示，填充后效果如图 8-285 所示。

05 使用"贝塞尔工具" 绘制皮肤暗部轮廓，暗部颜色填充如图 8-286 所示，得到图形效果如图 8-287 所示。

06 选择"贝塞尔工具" 绘制裙子，使用"均匀填充工具" 进行填充，如图 8-288 所示，填充后效果如图 8-289 所示。

图 8-284

图 8-285

图 8-286

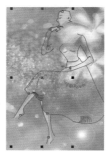
图 8-287

07 参照图 8-290 所示绘制鞋，其颜色设置为黑色。参照图 8-291 所示绘制人物头发，颜色填充为黑色。

图 8-288

图 8-289

图 8-290

图 8-291

08 使用"贝塞尔工具" 绘制头发明部轮廓，明部颜色填充如图 8-292 所示，得到图形效果如图 8-293 所示。

09 选择"贝塞尔工具" 绘制裙子明暗轮廓，使用"均匀填充工具" 进行填充，如图 8-294 所示，填充后效果如图 8-295 所示。

图 8-292

图 8-293

图 8-294

图 8-295

10 选择"贝塞尔工具" 继续绘制裙子明暗轮廓，使用"均匀填充工具" 进行填充，如图 8-296 所示，填充后效果如图 8-297 所示。

11 选择"贝塞尔工具" 绘制图形廓，使用"均匀填充工具" 进行填充，如图 8-298 所示，填充后效果如图 8-299 所示。

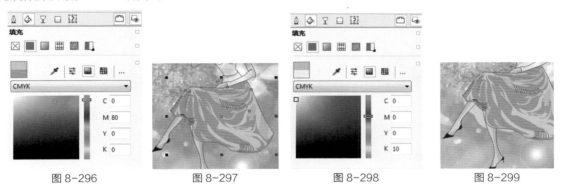

图 8-296   图 8-297   图 8-298   图 8-299

12 选择"贝塞尔工具" 绘制图形，使用"均匀填充工具" 进行填充，如图 8-300 所示，填充后效果如图 8-301 所示。

13 选择"贝塞尔工具" 绘制图形面积轮廓，使用"均匀填充工具" 进行填充，如图 8-302 所示，填充后效果如图 8-303 所示。

图 8-300

图 8-301

图 8-302

图 8-303

14 使用"贝塞尔工具" ，参照图 8-304 所示绘制图形明暗轮廓，其颜色设置如图 8-305 和图 8-306 所示。

15 选择"贝塞尔工具" 绘制图形，使用"底纹填充工具" ，设置对话框如图 8-307 所示，得到图形效果如图 8-308 所示。

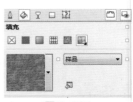

图 8-304　　　　　　　图 8-305　　　　　　　图 8-306　　　　　　　图 8-307

16　选择"粗糙笔刷工具" ，属性栏设置如图 8-309 所示，参照图 8-310 所示绘制图形。选择"艺术笔工具" ，属性栏设置如图 8-311 所示，参照图 8-312 和图 8-313 所示绘制并调整图形。图形最终效果如图 8-314 所示。

图 8-308

图 8-309

图 8-310

图 8-311

图 8-312

图 8-313

图 8-314

第9章
晚礼服裙款式设计

9.1 裸背高贵晚礼服款式设计

✎ 01 按 Ctrl+N 键或执行菜单"文件 / 新建"命令，系统
会自动新建一个 A4 大小的空白文档。

✎ 02 参照图 9-1 所示设置属性栏，调整文档大小，执行
菜单"文件 / 导入"命令，将素材文件夹中名为"9.1"的素
材图像导入该文档中，按如图 9-2 所示调整摆放位置。

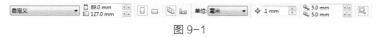

图 9-1

✎ 03 单击工具箱中的"贝塞尔工具"，参照图 9-3 所
示绘制出人物的线稿轮廓。选择"轮廓工具"，打开轮廓笔
对话框，参数设置如图 9-4 所示。

图 9-2

图 9-3

图 9-4

✎ 04 选择"贝塞尔工具"，参照图 9-5 所示绘制人物
皮肤的明暗轮廓，使用"均匀填充工具"进行填充，如图 9-6
和图 9-7 所示。

图 9-5

图 9-6

图 9-7

✎ 05 选择"贝塞尔工具"绘制礼服，使用"均匀填充
工具"进行填充，如图 9-8 所示，填充后效果如图 9-9 所示。

✎ 06 选择"贝塞尔工具"绘制头发，使用"均匀填充
工具"进行填充，如图 9-10 所示，填充后效果如图 9-11
所示。

图 9-8 图 9-9 图 9-10 图 9-11

✎ **07** 使用"贝塞尔工具" ⬜ 绘制头发暗部轮廓，如图 9-12 所示，暗部颜色填充如图 9-13 所示。

✎ **08** 使用"贝塞尔工具" ⬜ 绘制图形暗部轮廓，暗部颜色填充如图 9-14 所示，得到图形效果如图 9-15 所示。

图 9-12 图 9-13 图 9-14 图 9-15

✎ **09** 使用"贝塞尔工具" ⬜，参照图 9-16 所示绘制礼服明暗轮廓，其颜色设置如图 9-17 至 9-25 所示，图形最终效果如图 9-26 所示。

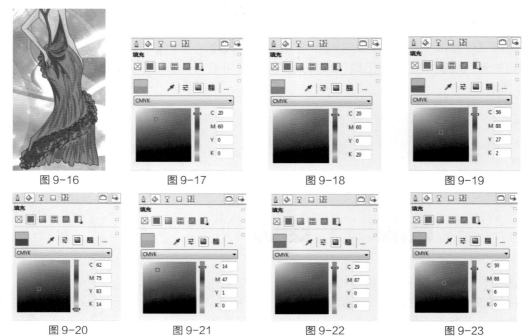

图 9-16 图 9-17 图 9-18 图 9-19

图 9-20 图 9-21 图 9-22 图 9-23

图 9-24 图 9-25 图 9-26

9.2 低胸大摆晚礼服款式设计

01 按 Ctrl+N 键或执行菜单"文件 / 新建"命令，系统会自动新建一个 A4 大小的空白文档。

02 参照图 9-27 所示设置属性栏，调整文档大小，执行菜单"文件 / 导入"命令，将素材文件夹中名为"9.2"的素材图像导入该文档中，按如图 9-28 所示调整摆放位置。

03 单击工具箱中的"贝塞尔工具" ，参照图 9-29 所示绘制出人物的线稿轮廓。选择"轮廓工具" ，打开轮廓笔对话框，参数设置如图 9-30 所示。

图 9-27

图 9-28 图 9-29 图 9-30

04 选择"贝塞尔工具" 绘制人物皮肤，使用"均匀填充工具" 进行填充，如图 9-31 所示，填充后效果如图 9-32 所示。

05 使用"贝塞尔工具" 绘制皮肤的暗部轮廓，暗部颜色填充如图 9-33 所示，得到图形效果如图 9-34 所示。

06 选择"贝塞尔工具" 绘制人物头发，使用"均匀填充工具" 进行填充，如图 9-35 所示，填充后效果如图 9-36 所示。

07 使用"贝塞尔工具" ，参照图 9-37 所示绘制头发的明暗轮廓，其颜色设置如图 9-38 和图 9-39 所示。

08 选择"贝塞尔工具" 绘制图形，使用"均匀填充工具" 进行填充，如图 9-40 所示，填充后效果如图 9-41 所示。

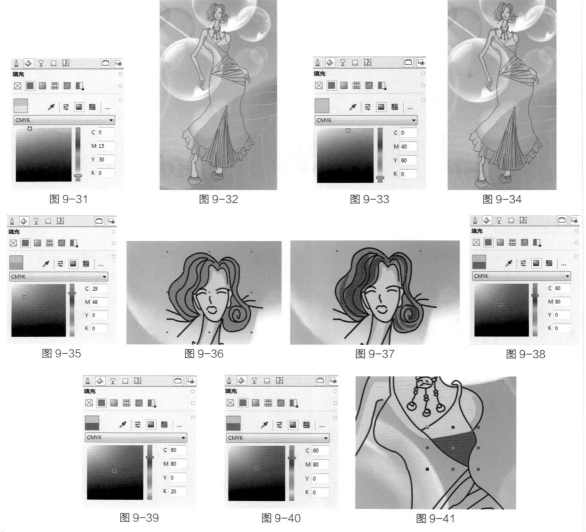

图 9-31　　　　　　图 9-32　　　　　　图 9-33　　　　　　图 9-34

图 9-35　　　　　　图 9-36　　　　　　图 9-37　　　　　　图 9-38

图 9-39　　　　　　图 9-40　　　　　　图 9-41

🖋09　选择"贝塞尔工具" ⟍绘制图形，使用"均匀填充工具" ■进行填充，如图 9-42 所示，填充后效果如图 9-43 所示。

🖋10　选择"贝塞尔工具" ⟍绘制裙子，使用"均匀填充工具" ■进行填充，如图 9-44 所示，填充后效果如图 9-45 所示。

图 9-42　　　　　　图 9-43　　　　　　图 9-44　　　　　　图 9-45

11　使用"贝塞尔工具"🖊️绘制图形明暗轮廓，其颜色设置如图 9-46 和图 9-47 所示，得到图形效果如图 9-48 所示。

12　使用"贝塞尔工具"🖊️绘制鞋的明暗轮廓，其颜色设置如图 9-49 所示，得到图形效果如图 9-50 所示。

图 9-46　　　　　图 9-47　　　　　图 9-48　　　　　图 9-49　　　　　图 9-50

13　使用"贝塞尔工具"🖊️，参照图 9-51 所示绘制裙子明暗轮廓，其颜色设置如图 9-52 至图 9-54 所示。

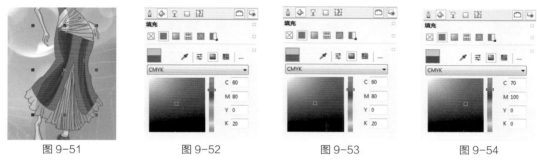

图 9-51　　　　　图 9-52　　　　　图 9-53　　　　　图 9-54

14　选择"贝塞尔工具"🖊️绘制图形，使用"均匀填充工具"■进行填充，如图 9-55 所示，填充后效果如图 9-56 所示。

15　选择"贝塞尔工具"🖊️绘制项链及鞋面装饰物，使用"均匀填充工具"■进行填充，如图 9-57 所示，填充后效果如图 9-58 和图 9-59 所示。

图 9-55　　　　　图 9-56　　　　　图 9-57　　　　　图 9-58　　　　　图 9-59

16　选择"贝塞尔工具"🖊️绘制图形，使用"底纹填充工具"▦设置对话框，如图 9-60 所示，得到图形效果如图 9-61 所示。

17　选择"贝塞尔工具"🖊️绘制图形，使用"底纹填充工具"▦设置对话框，如图 9-62 所示，得到图形效果如图 9-63 所示。

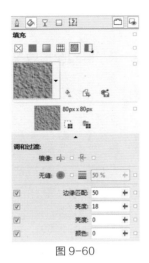

图 9-60

图 9-61

图 9-62

图 9-63

✐ 18　选择"贝塞尔工具" ，绘制图形，选择"底纹填充工具" ，设置对话框如图 9-64 所示，得到图形效果如图 9-65 所示。

✐ 19　选择"贝塞尔工具" ，绘制图形，使用"均匀填充工具" 进行填充，如图 9-66 所示，填充后效果如图 9-67 所示。

图 9-64

图 9-65

图 9-66

图 9-67

✐ 20　选择"透明度工具" ，属性栏设置如图 9-68 所示，参照图 9-69 所示绘制并调整图形。选择"贝塞尔工具" ，绘制嘴，使用"均匀填充工具" 进行填充，如图 9-70 所示，填充后效果如图 9-71 所示。

✐ 21　选择"贝塞尔工具" ，绘制裙子，选择"底纹填充工具" ，设置对话框如图 9-72 所示，得到图形效果如图 9-73 所示。

图 9-68

图 9-69

图 9-70

图 9-71

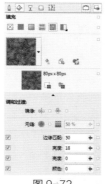
图 9-72

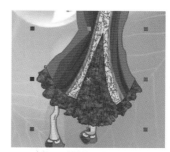
图 9-73

22　选择"椭圆形工具" ○ 绘制图形,如图 9-74 所示,右键单击调色板中的 ⊠ 按钮,去除对象轮廓色,使用"均匀填充工具" ■ 进行填充,如图 9-75 所示,填充后效果如图 9-76 所示。

图 9-74

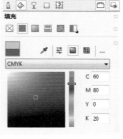
图 9-75

图 9-76

23　选择"艺术笔工具" ┗ ,属性栏设置如图 9-77 所示,参照图 9-78 所示绘制图形。

图 9-77

🪡 9.3　性感薄纱面料款式设计

01　按 Ctrl+N 键或执行菜单"文件 / 新建"命令,系统会自动新建一个 A4 大小的空白文档。

02　使用"艺术笔工具" ┗ ,属性栏设置如图 9-79 所示,参照图 9-80 所示绘制调整图形。

图 9-78

图 9-79

图 9-80

03　单击工具箱中的"贝塞尔工具" ┗ ,参照图 9-81 所示绘制出人物的线稿轮廓。选择"轮廓工具"🖊",打开轮廓笔对话框,参数设置如图 9-82 所示。

🖊 04　选择"贝塞尔工具"🖊绘制图形,使用"均匀填充工具"■进行填充,如图 9-83 所示,填充后效果如图 9-84 所示。

图 9-81　　　　　　图 9-82　　　　　　图 9-83　　　　　　　图 9-84

🖊 05　选择"贝塞尔工具"🖊绘制图形,使用"均匀填充工具"■进行填充,如图 9-85 所示,填充后效果如图 9-86 所示。

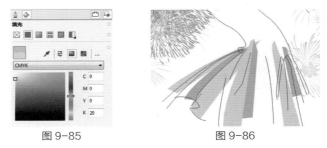

图 9-85　　　　　　　图 9-86

🖊 06　使用"贝塞尔工具"🖊,参照图 9-87 所示绘制图形,颜色设置如图 9-88 和图 9-89 所示。

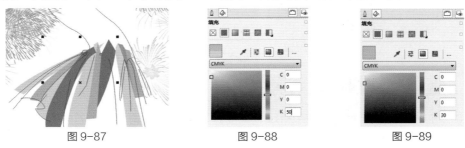

图 9-87　　　　　　　图 9-88　　　　　　　图 9-89

🖊 07　选择"贝塞尔工具"🖊绘制人物皮肤,使用"均匀填充工具"■进行填充,如图 9-90 所示,填充后效果如图 9-91 所示。

🖊 08　使用"贝塞尔工具"🖊,参照图 9-92 所示绘制皮肤暗部轮廓,暗部颜色填充如图 9-93 至图 9-95 所示。

图 9-90　　　　　　图 9-91　　　　　　图 9-92　　　　　　图 9-93

09　选择"贝塞尔工具" ，绘制脸部轮廓，使用"均匀填充工具" 进行填充，如图 9-96 所示，填充后效果如图 9-97 所示。

图 9-94　　　　　　图 9-95　　　　　　图 9-96　　　　　　图 9-97

10　选择"透明度工具" ，属性栏设置如图 9-98 所示，参照图 9-99 所示绘制并调整图形。

11　选择"贝塞尔工具" ，绘制裙子，使用"均匀填充工具" 进行填充，如图 9-100 所示，填充后效果如图 9-101 所示。

图 9-98

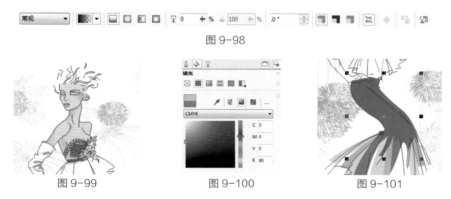

图 9-99　　　　　　图 9-100　　　　　　图 9-101

12　使用"贝塞尔工具" ，参照图 9-102 所示绘制裙子明暗轮廓，其颜色设置如图 9-103 至图 9-106 所示。

图 9-102　　　　　　图 9-103　　　　　　图 9-104

13　选择"贝塞尔工具" ，绘制图形，使用"均匀填充工具" 进行填充，如图 9-107 所示，填充后效果如图 9-108 所示。

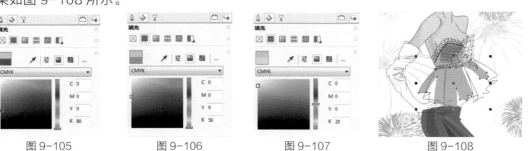

图 9-105　　　　　　图 9-106　　　　　　图 9-107　　　　　　图 9-108

14 使用"贝塞尔工具" ，参照图 9-109 所示绘制图形明暗轮廓，其颜色设置如图 9-110 至图 9-113 所示。

图 9-109

图 9-110

图 9-111

15 使用"贝塞尔工具" ，参照图 9-114 所示绘制轮廓曲线，选择"轮廓工具" ，打开轮廓笔对话框，参数设置如图 9-115 所示。

图 9-112

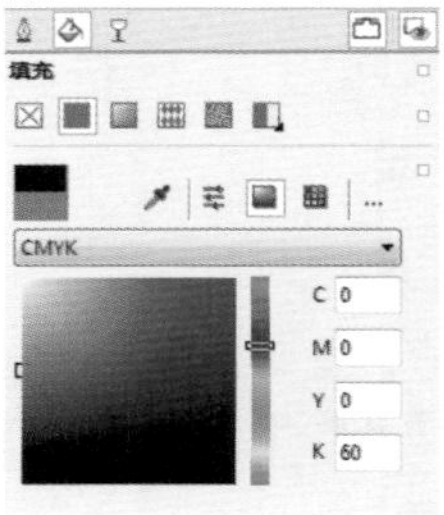

图 9-113

图 9-114

图 9-115

16 使用"贝塞尔工具" ，参照图 9-116 所示绘制轮廓曲线，选择"轮廓工具" ，打开轮廓笔对话框，参数设置如图 9-117 所示。

17 选择"贝塞尔工具" 绘制手套，使用"均匀填充工具" 进行填充，如图 9-118 所示，填充后效果如图 9-119 所示。

图 9-116

图 9-117

图 9-118

图 9-119

18 使用"贝塞尔工具" ，参照图 9-120 所示绘制手套明暗轮廓，其颜色设置如图 9-121 和图 9-122 所示。

图 9-120

图 9-121

图 9-122

19 　使用"贝塞尔工具" ，参照图 9-123 所示绘制轮廓曲线，选择"轮廓工具" ，打开轮廓
笔对话框，参数设置如图 9-124 所示。

20 　使用"贝塞尔工具" ，参照图 9-125 所示绘制耳环轮廓曲线，选择"轮廓工具" ，打开
轮廓笔对话框，参数设置如图 9-126 所示。

图 9-123

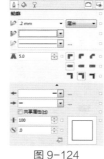
图 9-124

图 9-125

图 9-126

21 　选择"贝塞尔工具" 绘制眼睛，使用"均匀填充工具" 进行填充，如图 9-127 所示，填
充后效果如图 9-128 所示。

22 　选择"贝塞尔工具" 继续绘制眼睛，使用"均匀填充工具" 进行填充，如图 9-129 所示，
填充后效果如图 9-130 所示。

图 9-127

图 9-128

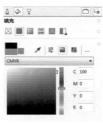
图 9-129

图 9-130

23 　选择"贝塞尔工具" 绘制眼睛，使用"均匀填充工具" 进行填充，如图 9-131 所示，填
充后效果如图 9-132 所示。

24 　使用"贝塞尔工具" ，参照图 9-133 所示绘制睫毛轮廓曲线，选择"轮廓工具" ，打开
轮廓笔对话框，参数设置如图 9-134 所示。

图 9-131

图 9-132

图 9-133

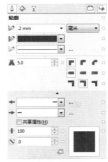
图 9-134

25 　选择"贝塞尔工具" 绘制头发，使用"均匀填充工具" 进行填充，如图 9-135 所示，填
充后效果如图 9-136 所示。

26 　使用"贝塞尔工具" ，参照图 9-137 所示继续绘制人物的头发，其颜色设置如图 9-138
至图 9-142 所示。

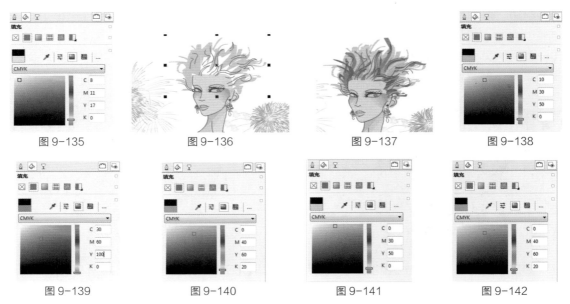

图 9-135　　　　　　图 9-136　　　　　　图 9-137　　　　　　图 9-138

图 9-139　　　　　　图 9-140　　　　　　图 9-141　　　　　　图 9-142

27　选择"贝塞尔工具" ↳ 绘制叶子，使用"均匀填充工具" ■ 进行填充，如图 9-143 所示，填充后效果如图 9-144 所示。

28　使用"贝塞尔工具" ↳ 绘制叶子的明部轮廓，明部颜色填充如图 9-145 所示，得到图形效果如图 9-146 所示。

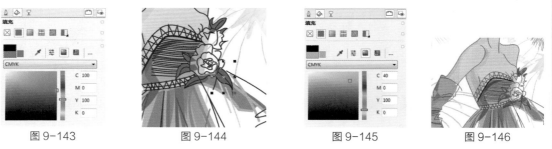

图 9-143　　　　　　图 9-144　　　　　　图 9-145　　　　　　图 9-146

29　选择"贝塞尔工具" ↳ 绘制花的轮廓，使用"均匀填充工具" ■ 进行填充，如图 9-147 所示，填充后效果如图 9-148 所示。

30　使用"贝塞尔工具" ↳ 绘制花的暗部，暗部颜色填充如图 9-149 所示，得到图形效果如图 9-150 所示。

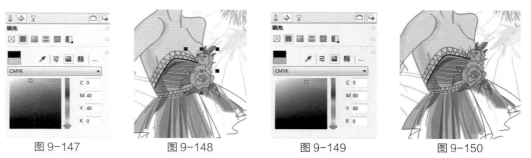

图 9-147　　　　　　图 9-148　　　　　　图 9-149　　　　　　图 9-150

31　选择"贝塞尔工具" ↳ 绘制花的轮廓，使用"均匀填充工具" ■ 进行填充，如图 9-151 所示，填充后效果如图 9-152 所示，得到图形最终效果，如图 9-153 所示。

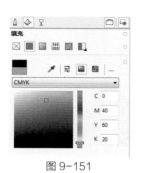

图 9-151

图 9-152

图 9-153

9.4 清爽大气的礼服款式设计

01 按 Ctrl+N 键或执行菜单"文件 / 新建"命令，系统会自动新建一个 A4 大小的空白文档。

02 参照图 9-154 所示设置属性栏，调整文档大小，执行菜单"文件 / 导入"命令，将素材文件夹中名为"9.4"的素材图像导入文档中，按如图 9-155 所示调整摆放位置。

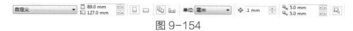

图 9-154

03 单击工具箱中的"贝塞尔工具" ，参照图 9-156 所示绘制出人物的线稿轮廓。选择"轮廓工具" ，打开轮廓笔对话框，参数设置如图 9-157 所示。

04 选择"贝塞尔工具" 绘制人物皮肤轮廓，使用"均匀填充工具" 进行填充，如图 9-158 所示，填充后效果如图 9-159 所示。

图 9-155

图 9-156

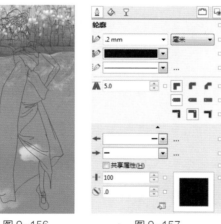

图 9-157

图 9-158

图 9-159

05 选择"贝塞尔工具" 绘制裙子，使用"均匀填充工具" 进行填充，如图 9-160 所示，填充后效果如图 9-161 所示。

06 使用"贝塞尔工具" ，参照图 9-162 所示绘制图形，其颜色设置为黑色。选择"贝塞尔工具" 绘制图形轮廓，使用"均匀填充工具" 进行填充，如图 9-163 所示，填充后效果如图 9-164 所示。

07 使用"贝塞尔工具" ，参照图 9-165 所示绘制裙子的明暗轮廓，其颜色设置如图 9-166 至图 9-168 所示。

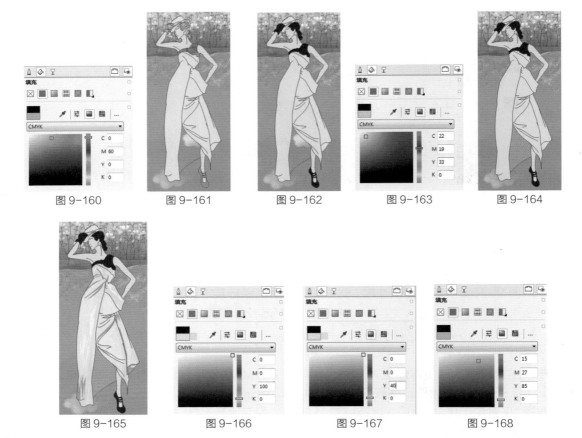

图 9-160 图 9-161 图 9-162 图 9-163 图 9-164

图 9-165 图 9-166 图 9-167 图 9-168

08 使用"贝塞尔工具"，绘制皮肤的暗部轮廓，暗部颜色填充如图 9-169 所示，得到图形效果如图 9-170 所示。

09 使用"贝塞尔工具"，参照图 9-171 所示绘制帽子的明暗轮廓，其颜色设置如图 9-172 和图 9-173 所示。

图 9-169 图 9-170 图 9-171 图 9-172 图 9-173

10 使用"贝塞尔工具"，参照图 9-174 所示绘制图形的明暗轮廓，其颜色设置如图 9-175 所示。

11 使用"贝塞尔工具"绘制头发的明部轮廓，明部颜色填充如图 9-176 所示，得到图形效果如图 9-177 所示。

图 9-174

图 9-175

图 9-176

图 9-177

12 选择"贝塞尔工具"绘制人物的眼睛，其颜色填充如图 9-178 和图 9-179 所示，得到图形效果如图 9-180 所示。

图 9-178

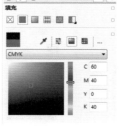
图 9-179

图 9-180

13 选择"贝塞尔工具"绘制图形，其颜色填充如图 9-181 和图 9-182 所示，得到图形效果如图 9-183 所示。

图 9-181

图 9-182

图 9-183

14 使用"贝塞尔工具"绘制图形明部轮廓，明部颜色填充如图 9-184 所示，得到图形效果如图 9-185 所示。

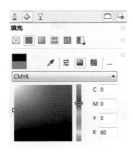
图 9-184

图 9-185

15 使用"贝塞尔工具"，参照图 9-186 所示绘制手套的明暗轮廓，其颜色设置如图 9-187 和图 9-188 所示。

图 9-186

图 9-187

图 9-188

16 使用"贝塞尔工具" ，参照图 9-189 所示绘制鞋的明暗轮廓，其颜色设置如图 9-190 至图 9-192 所示，得到图形最终效果，如图 9-193 所示。

图 9-189

图 9-190

图 9-191

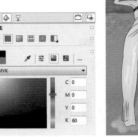
图 9-192

图 9-193

9.5 休闲优雅的礼服款式设计

01 按 Ctrl+N 键或执行菜单"文件 / 新建"命令，系统会自动新建一个 A4 大小的空白文档。

02 参照图 9-194 所示设置属性栏，调整文档大小，执行菜单"文件 / 导入"命令，将素材文件夹中名为"9.5"的素材图像导入该文档中，按如图 9-195 所示调整摆放位置。

03 单击工具箱中的"贝塞尔工具" ，参照图 9-196 所示绘制出人物的线稿轮廓。选择"轮廓工具" ，打开轮廓笔对话框，参数设置如图 9-197 所示。

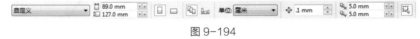
图 9-194

图 9-195

图 9-196

图 9-197

04 选择"贝塞尔工具" 绘制人物皮肤的轮廓，使用"均匀填充工具" 进行填充，如图 9-198 所示。继续绘制裙子，选择"底纹填充工具" ，设置对话框如图 9-199 所示，从而得到图形效果如图 9-200 所示。

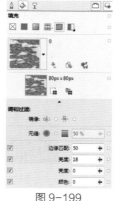

图 9-198　　　　　　　图 9-199　　　　　　　图 9-200

05　参照图 9-201 所示绘制图形,其颜色设置为黑色。选择"贝塞尔工具" 绘制人物的鞋,使用"均匀填充工具" 进行填充,如图 9-202 所示,填充后效果如图 9-203 所示。

06　使用"贝塞尔工具" 绘制皮肤的暗部轮廓,暗部颜色填充如图 9-204 所示,得到图形效果如图 9-205 所示。

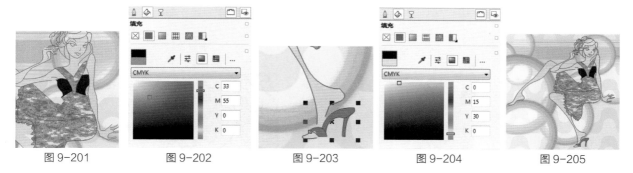

图 9-201　　　　　图 9-202　　　　　图 9-203　　　　　图 9-204　　　　　图 9-205

07　使用"贝塞尔工具" ,参照图 9-206 所示绘制人物嘴的明暗轮廓,其颜色设置如图 9-207 和图 9-208 所示。

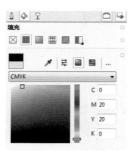

图 9-206　　　　　　　图 9-207　　　　　　　图 9-208

08　选择"贝塞尔工具" ,参照图 9-209 所示绘制曲线轮廓。选择"轮廓工具" ,打开轮廓笔对话框,参数设置如图 9-210 所示。

09　选择"贝塞尔工具" 绘制人物的脸部轮廓,使用"均匀填充工具" 进行填充,如图 9-211 所示,填充后效果如图 9-212 所示。

10　选择"透明度工具" ,属性栏设置如图 9-213 所示,参照图 9-214 所示绘制并调整图形。

11　选择"贝塞尔工具" 绘制眼睛,使用"均匀填充工具" 进行填充,如图 9-215 所示,填充后效果如图 9-216 所示。

图 9-209　　　　　图 9-210　　　　　图 9-211　　　　　图 9-212

图 9-213　　　　　　　　　　图 9-214

图 9-215　　　　　　　　　　图 9-216

🖊 **12**　选择"贝塞尔工具" 绘制眼影，使用"均匀填充工具" ■进行填充，如图 9-217 所示，填充后效果如图 9-218 所示。

🖊 **13**　选择"贝塞尔工具" 继续绘制眼影，使用"均匀填充工具" ■进行填充，如图 9-219 所示，填充后效果如图 9-220 所示。

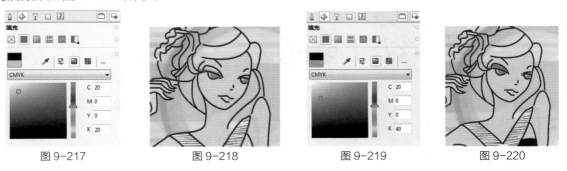

图 9-217　　　　　图 9-218　　　　　图 9-219　　　　　图 9-220

🖊 **14**　选择"贝塞尔工具" 继续绘制图形，使用"均匀填充工具" ■进行填充，如图 9-221 所示，填充后效果如图 9-222 所示。

🖊 **15**　参照图 9-223 所示绘制眼睛内的黑色部分，参照图 9-224 所示绘制眼睛内的白色部分。选择"贝塞尔工具" 绘制图形,使用"均匀填充工具"■进行填充,如图9-225所示,填充后效果如图9-226所示。

图9-221

图9-222

图9-223

图9-224

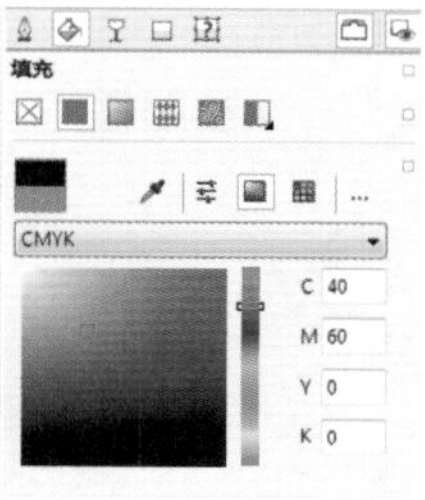

图9-225

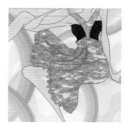

图9-226

16 执行菜单"窗口/泊坞窗/透镜"命令,设置参数如图9-227所示,得到图形效果如图9-228所示。利用同样的方法,参照图9-229所示继续绘制图形。

图9-227

图9-228

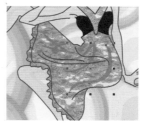

图9-229

17 选择"贝塞尔工具" 绘制图形,使用"均匀填充工具"■进行填充,如图9-230所示,填充后效果如图9-231所示。

18 选择"贝塞尔工具" 绘制图形,使用"均匀填充工具"■进行填充,如图9-232所示,填充后效果如图9-233所示。

图9-230

图9-231

图9-232

图9-233

19 使用"贝塞尔工具" 绘制裙子暗部轮廓,暗部颜色填充如图9-234所示,得到图形效果如图9-235所示。

20　使用"贝塞尔工具" 绘制鞋的暗部轮廓，暗部颜色填充如图 9-236 所示，得到图形效果如图 9-237 所示。

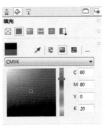

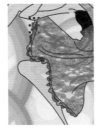

图 9-234　　　　图 9-235　　　　图 9-236　　　　图 9-237

21　选择"贝塞尔工具" 绘制头发，使用"均匀填充工具" 进行填充，如图 9-238 所示，填充后效果如图 9-239 所示。

22　使用"贝塞尔工具"，参照图 9-240 所示绘制头发明暗轮廓，其颜色设置如图 9-241 至图 9-244 所示。

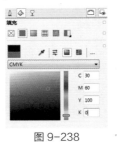

图 9-238　　　　图 9-239　　　　图 9-240

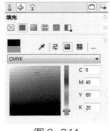

图 9-241　　　　图 9-242　　　　图 9-243　　　　图 9-244

23　选择"贝塞尔工具" 绘制头饰，选择"底纹填充工具"，设置对话框如图 9-245 所示，得到图形效果如图 9-246 所示。

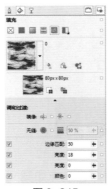

图 9-245　　　　图 9-246

24　选择"艺术笔工具"，属性栏设置如图 9-247 所示，参照图 9-248 所示绘制并调整图形，图形最终效果如图 9-249 所示。

图 9-247

图 9-248

图 9-249

9.6　流线型百褶裙礼服款式设计

01　按 Ctrl+N 键或执行菜单"文件 / 新建"命令，系统会自动新建一个 A4 大小的空白文档。

02　单击工具箱中的"贝塞尔工具"，参照图 9-250 所示绘制出人物的线稿轮廓。选择"轮廓工具"，打开轮廓笔对话框，参数设置如图 9-251 所示，下面对人物进行颜色填充。

03　选择"贝塞尔工具"绘制人物皮肤，使用"均匀填充工具"进行填充，如图 9-252 所示，填充后效果如图 9-253 所示。

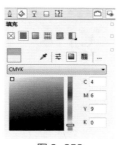

图 9-250　　　　　　　图 9-251　　　　　　　图 9-252　　　　　　　图 9-253

04　选择"贝塞尔工具"绘制皮肤的暗部轮廓，暗部颜色填充如图 9-254 所示，得到图形效果如图 9-255 所示。

05　选择"贝塞尔工具"绘制人物的手套，使用"均匀填充工具"进行填充，如图 9-256 所示，填充后效果如图 9-257 所示。

图 9-254　　　　　　　图 9-255　　　　　　　图 9-256　　　　　　　图 9-257

06　选择"贝塞尔工具"继续绘制图形，使用"均匀填充工具"进行填充，如图 9-258 所示，填充后效果如图 9-259 所示。

07　选择"贝塞尔工具"绘制人物背部，选择"位图图样填充工具"，设置对话框如图 9-260 所示，得到图形效果如图 9-261 所示。

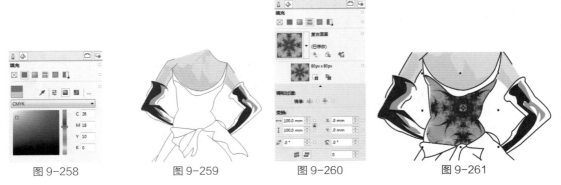

图 9-258   图 9-259   图 9-260   图 9-261

08   选择"贝塞尔工具" 绘制蝴蝶结，使用"均匀填充工具" 进行填充，如图 9-262 所示，填充后效果如图 9-263 所示。

09   使用"贝塞尔工具" 绘制蝴蝶结明暗轮廓，明暗部颜色填充如图 9-264 至图 9-267 所示，得到图形效果如图 9-268 所示。

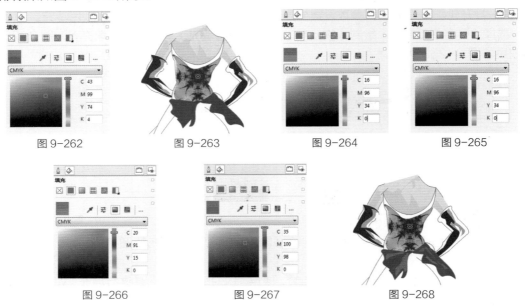

图 9-262   图 9-263   图 9-264   图 9-265

图 9-266   图 9-267   图 9-268

10   选择"贝塞尔工具" 绘制人物的裙子，使用"均匀填充工具" 进行填充，如图 9-269 所示，填充后效果如图 9-270 所示。

11   使用"贝塞尔工具" 绘制裙子的明暗轮廓，明暗部颜色填充如图 9-271 至图 9-275 所示，得到图形效果如图 9-276 所示。

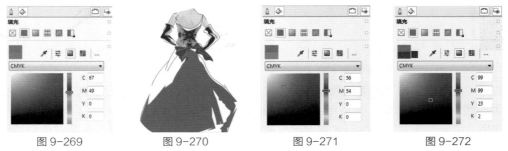

图 9-269   图 9-270   图 9-271   图 9-272

图 9-273

图 9-274

图 9-275

图 9-276

12 选择"贝塞尔工具" 绘制人物的背部,其颜色设置如图 9-277 所示,得到图形效果如图 9-278 所示。

13 使用"贝塞尔工具" 绘制背部图形的明暗轮廓,明暗部颜色填充如图 9-279 和图 9-280 所示,得到图形效果如图 9-281 所示。

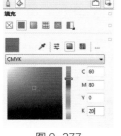
图 9-277

图 9-278

图 9-279

图 9-280

14 选择"贝塞尔工具" 绘制人物的头发,使用"均匀填充工具" 进行填充,如图 9-282 所示,填充后效果如图 9-283 所示。

图 9-281

图 9-282

图 9-283

15 选择"贝塞尔工具" 继续绘制人物的头发,使用"均匀填充工具" 进行填充,如图 9-284 所示,填充后效果如图 9-285 所示。

16 选择"贝塞尔工具" 继续绘制头发,使用"均匀填充工具" 进行填充,如图 9-286 所示,填充后效果如图 9-287 所示。

图 9-284

图 9-285

图 9-286

图 9-287

17 选择"贝塞尔工具" 绘制人物的头发，使用"均匀填充工具"■进行填充，如图 9-288 所示，填充后效果如图 9-289 所示。

18 选择"贝塞尔工具" 绘制人物的头发，使用"均匀填充工具"■进行填充，如图 9-290 所示，填充后效果如图 9-291 所示。

图 9-288   图 9-289   图 9-290   图 9-291

19 利用同样的方法，参照图 9-292 所示绘制图形，其颜色设置如图 9-293 至图 9-297 所示。

图 9-292   图 9-293   图 9-294

图 9-295   图 9-296   图 9-297

20 使用"艺术笔工具" ，属性栏设置如图 9-298 所示，参照图 9-299 所示在画面中绘制。

图 9-298

图 9-299

9.7 蝴蝶展翅舞台礼服款式设计

🖊 01 按 Ctrl+N 键或执行菜单"文件 / 新建"命令，系统会自动新建一个 A4 大小的空白文档。

🖊 02 参照图 9-300 所示设置属性栏，调整文档大小，单击工具箱中的"贝塞尔工具"，参照图 9-301 所示绘制出人物的线稿轮廓。选择"轮廓工具"，打开轮廓笔对话框，参数设置如图 9-302 所示。

🖊 03 选择"贝塞尔工具"绘制人物的皮肤，使用"均匀填充工具"进行填充，如图 9-303 所示，得到效果如图 9-304 所示。

图 9-300

图 9-301　　　　图 9-302　　　　图 9-303　　　　图 9-304

🖊 04 选择"贝塞尔工具"绘制人物的裙子，使用"均匀填充工具"进行填充，如图 9-305 所示，得到效果如图 9-306 所示。

🖊 05 选择"贝塞尔工具"绘制头发，使用"均匀填充工具"进行填充，如图 9-307 所示，得到效果如图 9-308 所示。

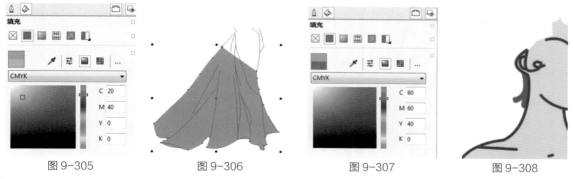

图 9-305　　　　图 9-306　　　　图 9-307　　　　图 9-308

🖊 06 选择"贝塞尔工具"绘制图形，使用"均匀填充工具"进行填充，如图 9-309 所示，得到效果如图 9-310 所示。

🖊 07 利用同样的方法，参照图 9-311 所示继续绘制人物头发，其颜色设置如图 9-312 至图 9-315 所示。

🖊 08 选择"贝塞尔工具"绘制裙子，使用"均匀填充工具"进行填充，如图 9-316 所示，得到效果如图 9-317 所示。

🖊 09 选择"贝塞尔工具"绘制裙子暗部轮廓，使用"均匀填充工具"进行填充，如图 9-318 所示，得到效果如图 9-319 所示。

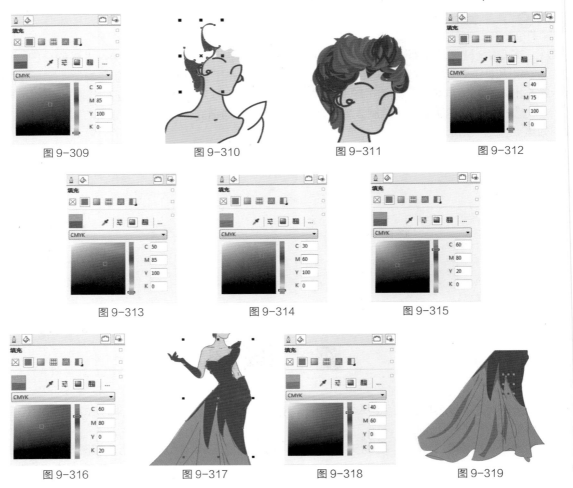

图 9-309　　　　　图 9-310　　　　　图 9-311　　　　　图 9-312

图 9-313　　　　　图 9-314　　　　　图 9-315

图 9-316　　　　　图 9-317　　　　　图 9-318　　　　　图 9-319

📐 **10**　选择"贝塞尔工具" 绘制图形，使用"均匀填充工具" ■进行填充，如图 9-320 所示，得到效果如图 9-321 所示。

📐 **11**　选择"贝塞尔工具" 绘制图形，使用"均匀填充工具" ■进行填充，如图 9-322 所示，得到效果如图 9-323 所示。

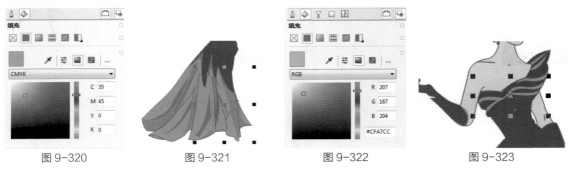

图 9-320　　　　　图 9-321　　　　　图 9-322　　　　　图 9-323

📐 **12**　参照图 9-324 所示继续绘制裙子明暗轮廓，其颜色设置如图 9-325 和图 9-326 所示。参照图 9-327 所示绘制人物的眼睛，并填充颜色为黑色。

📐 **13**　使用"贝塞尔工具" ，参照图 9-328 所示绘制曲线轮廓，选择"轮廓工具" ，打开轮廓笔对话框，参数设置如图 9-329 所示。

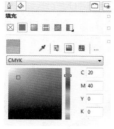

图 9-324　　　　　图 9-325　　　　　图 9-326　　　　　图 9-327

14　参照图 9-330 所示继续绘制眼睛，其颜色设置为白色。选择"贝塞尔工具" 绘制嘴的轮廓，使用"均匀填充工具" 进行填充，如图 9-331 所示，得到效果如图 9-332 所示。

15　使用"贝塞尔工具"，参照图 9-333 所示绘制嘴的明暗轮廓，其颜色设置如图 9-334 和图 9-335 所示。

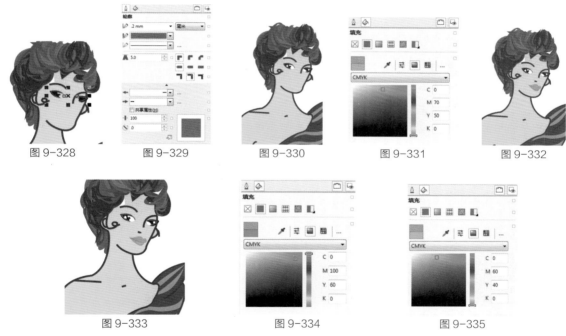

图 9-328　　　图 9-329　　　图 9-330　　　图 9-331　　　图 9-332

图 9-333　　　　　图 9-334　　　　　图 9-335

16　使用"贝塞尔工具" 参照图 9-336 所示绘制睫毛，选择"轮廓工具"，打开轮廓笔对话框，参数设置如图 9-337 示。

17　使用"贝塞尔工具" 绘制皮肤的暗部轮廓，暗部颜色填充如图 9-338 所示，得到图形效果如图 9-339 所示。

图 9-336　　　　　图 9-337　　　　　图 9-338　　　　　图 9-339

18 选择"艺术笔工具" ，属性栏设置如图 9-340 所示，参照图 9-341 所示绘制图形，执行菜单"文件 / 导入"命令，将素材文件夹中名为"9.7"的素材图像导入该文档中，参照图 9-342 所示调整摆放位置，得到最终效果。

图 9-341   图 9-342

图 9-340

第10章
妩媚性感的裙装设计

本章知识要点

- 低胸短裙款式设计
- 裸肩花裙款式设计
- 吊带大摆花裙款式设计
- 泡泡裙款式设计

10.1　低胸短裙款式设计

✐ 01　按 Ctrl+N 键或执行菜单"文件 / 新建"命令，系统会自动新建一个 A4 大小的空白文档。

✐ 02　参照图 10-1 所示设置属性栏，调整文档大小，执行菜单"文件 / 导入"命令，将素材文件夹中名为"10.1"的素材图像导入该文档中，按如图 10-2 所示调整摆放位置。

✐ 03　单击工具箱中的"贝塞尔工具"，参照图 10-3 所示绘制出人物的线稿轮廓。下面为人物填充颜色。

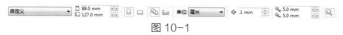

图 10-1

图 10-2　　　　　图 10-3

✐ 04　使用"贝塞尔工具"绘制皮肤的明暗轮廓，其颜色设置如图 10-4 和图 10-5 所示，得到图形效果如图 10-6 所示。参照图 10-7 所示绘制图形，其颜色填充为黑色。

图 10-4　　　　　图 10-5

✐ 05　选择"贝塞尔工具"绘制图形，使用"均匀填充工具"进行填充，如图 10-8 所示，填充后效果如图 10-9 所示。

图 10-6

图 10-7

图 10-8

图 10-9

📐 06　选择"贝塞尔工具" ✎ 绘制帽子，使用"均匀填充工具" ■ 进行填充，如图 10-10 所示，填充后效果如图 10-11 所示。

📐 07　使用"贝塞尔工具" ✎ 绘制帽子的明暗轮廓，其颜色设置如图 10-12 至图 10-16 所示，得到图形效果如图 10-17 所示。

图 10-10

图 10-11

图 10-12

图 10-13

图 10-14

图 10-15

图 10-16

图 10-17

📐 08　选择"贝塞尔工具" ✎ 绘制头发，使用"均匀填充工具" ■ 进行填充，如图 10-18 所示，填充后效果如图 10-19 所示。

📐 09　使用"贝塞尔工具" ✎ 绘制头发的明暗轮廓，其颜色设置如图 10-20 至图 10-23 所示，得到图形效果如图 10-24 所示。

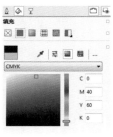
图 10-18

图 10-19

图 10-20

图 10-21

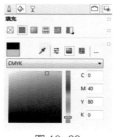
图 10-22

图 10-23

图 10-24

✎ **10** 选择"贝塞尔工具" 绘制嘴的轮廓，使用"均匀填充工具" 进行填充，如图 10-25 所示，填充后效果如图 10-26 所示。

✎ **11** 选择"贝塞尔工具" 绘制图形，选择"位图图样填充工具" ，设置对话框如图 10-27 所示，得到图形效果如图 10-28 所示。

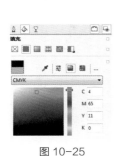
图 10-25

图 10-26

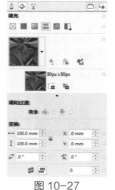
图 10-27

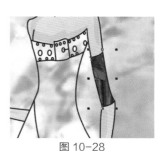
图 10-28

✎ **12** 选择"贝塞尔工具" 绘制图形，选择"位图图样填充工具" ，设置对话框如图 10-29 所示，得到图形效果如图 10-30 所示。

✎ **13** 选择"贝塞尔工具" 绘制裙子，选择"位图图样填充工具" ，设置对话框如图 10-31 所示，得到图形效果如图 10-32 所示。

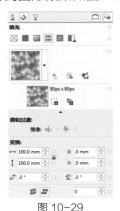
图 10-29

图 10-30

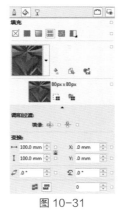
图 10-31

图 10-32

✎ **14** 选择"贝塞尔工具" 绘制裙子，使用"均匀填充工具" 进行填充，如图 10-33 所示，填充后效果如图 10-34 所示。

✎ **15** 使用"贝塞尔工具" 绘制裙子的明暗轮廓，其颜色设置为如图 10-35 至图 10-39 所示，得到图形效果如图 10-40 所示，得到图形最终效果如图 10-41 所示。

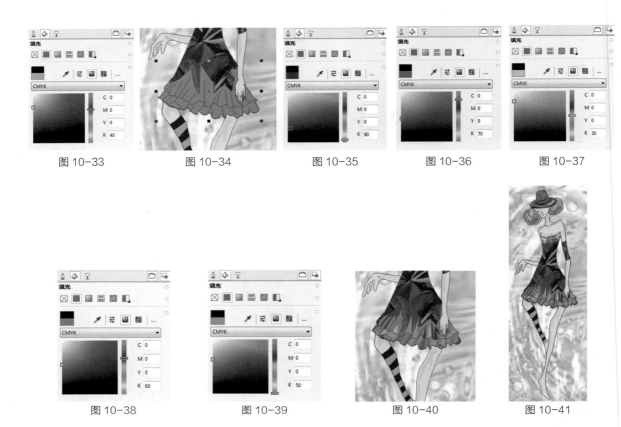

图 10-33　　　　　图 10-34　　　　　图 10-35　　　　　图 10-36　　　　　图 10-37

图 10-38　　　　　图 10-39　　　　　图 10-40　　　　　图 10-41

10.2　裸肩花裙款式设计

01　按 Ctrl+N 键或执行菜单"文件 / 新建"命令，系统会自动新建一个 A4 大小的空白文档。

02　参照图 10-42 所示设置属性栏，调整文档大小，执行菜单"文件 / 导入"命令，将素材文件夹中名为"10.2"的素材图像导入该文档中，按如图 10-43 所示调整摆放位置。

图 10-42　　　　　　　　　　　　　　　　　　　　　　　图 10-43

03　单击工具箱中的"贝塞尔工具" ，参照图 10-44 所示绘制出人物的线稿轮廓。选择"轮廓工具" ，打开轮廓笔对话框，参数设置如图 10-45 所示，为人物填充颜色。

04　选择"贝塞尔工具" 绘制皮肤，使用"均匀填充工具" 进行填充，如图 10-46 所示，单击"交互式网格填充工具" ，这时出现网格，现在只需填充适当的颜色修饰明暗就可以，如图 10-47 所示。

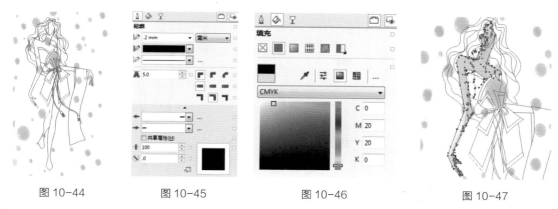

图 10-44　　　　　图 10-45　　　　　图 10-46　　　　　图 10-47

05　使用"贝塞尔工具" 绘制其他皮肤的明暗轮廓，其颜色设置如图 10-48 和图 10-49 所示。得到图形效果如图 10-50 所示。

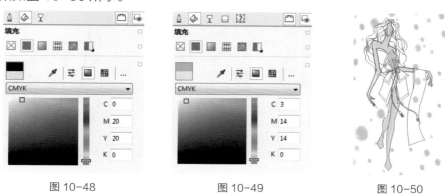

图 10-48　　　　　　　图 10-49　　　　　　　图 10-50

06　选择"贝塞尔工具" 绘制图形，使用"均匀填充工具" 进行填充，如图 10-51 所示，单击"交互式网格填充工具" ，这时出现网格，现在只需填充适当的颜色修饰明暗就可以，如图 10-52 所示。利用同样的方法参照图 10-53 所示继续绘制图形。

图 10-51　　　　　　　图 10-52　　　　　　　图 10-53

07　选择"交互式透明工具" ，属性栏设置如图 10-54 所示，参照图 10-55 所示绘制并调整图形。

08　选择"贝塞尔工具" 绘制图形，使用"均匀填充工具" 进行填充，如图 10-56 所示，填充后效果如图 10-57 所示。

图 10-54

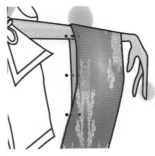

图 10-55　　　　　　　图 10-56　　　　　　　图 10-57

09　选择"贝塞尔工具"绘制图形，使用"均匀填充工具"进行填充，如图 10-58 所示，填充后效果如图 10-59 所示。

10　选择"贝塞尔工具"绘制图形，使用"均匀填充工具"进行填充，如图 10-60 所示，填充后效果如图 10-61 所示。

图 10-58　　　　　图 10-59　　　　　图 10-60　　　　　图 10-61

11　选择"贝塞尔工具"绘制图形，使用"均匀填充工具"进行填充，如图 10-62 所示，单击"交互式网格填充工具"，这时出现网格，现在只需填充适当的颜色修饰明暗就可以，如图 10-63 所示。

12　选择"贝塞尔工具"绘制图形，使用"均匀填充工具"进行填充，如图 10-64 所示，填充后效果如图 10-65 所示。

图 10-62　　　　　图 10-63　　　　　图 10-64　　　　　图 10-65

13　选择"贝塞尔工具"继续绘制图形，使用"均匀填充工具"进行填充，如图 10-66 所示，填充后效果如图 10-67 所示。

14　选择"贝塞尔工具"绘制图形，使用"均匀填充工具"进行填充，如图 10-68 所示，填充后效果如图 10-69 所示。

15　使用"贝塞尔工具"，参照图 10-70 所示绘制头发明暗轮廓，其颜色设置为粉蓝、靛蓝、柔和蓝、蓝光紫、深蓝、深碧蓝等颜色。选择"贝塞尔工具"，参照图 10-71 所示绘制曲线轮廓。

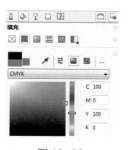

图 10-66

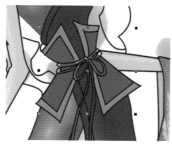

图 10-67

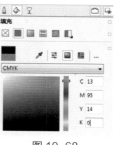

图 10-68

图 10-69

16　右键单击调色板中的⊠按钮，去除对象轮廓色，其颜色填充为白色，如图 10-72 所示，得到图形最终效果如图 10-73 所示。

图 10-70

图 10-71

图 10-72

图 10-73

10.3　吊带大摆花裙款式设计

01　按 Ctrl+N 键或执行菜单"文件 / 新建"命令，系统会自动新建一个 A4 大小的空白文档。

02　单击工具箱中的"贝塞尔工具"，参照图 10-74 所示绘制出人物的线稿轮廓。选择"轮廓工具"，打开轮廓笔对话框，参数设置如图 10-75 所示。

03　选择"贝塞尔工具"绘制眼睛，使用"均匀填充工具"进行填充，如图 10-76 所示，填充后效果如图 10-77 所示。

图 10-74

图 10-75

图 10-76

图 10-77

04　选择"贝塞尔工具"绘制裙子，使用"均匀填充工具"进行填充，如图 10-78 所示，填充后效果如图 10-79 所示。

05　选择"贝塞尔工具"绘制嘴的轮廓，使用"均匀填充工具"进行填充，如图 10-80 所示，填充后效果如图 10-81 所示。

图 10-78　　　　　　图 10-79　　　　　　图 10-80　　　　　　图 10-81

06　选择"贝塞尔工具" 绘制图形，使用"均匀填充工具" 进行填充，如图 10-82 所示，填充后效果如图 10-83 所示。

07　选择"贝塞尔工具" 绘制腿部，使用"均匀填充工具" 进行填充，如图 10-84 所示，填充后效果如图 10-85 所示。

图 10-82　　　　　　图 10-83　　　　　　图 10-84　　　　　　图 10-85

08　选择"透明度工具" ，设置属性栏如图 10-86 所示，参照图 10-87 所示绘制并调整图形。

09　选择"贝塞尔工具" 绘制手镯，选择"位图图样填充工具" ，设置对话框如图 10-88 所示，得到图形效果如图 10-89 所示。

图 10-86

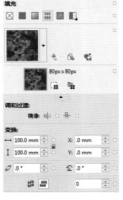

图 10-87　　　　　　图 10-88　　　　　　图 10-89

10　选择"贝塞尔工具" 绘制手镯，使用"位图图样填充工具" ，设置对话框如图 10-90 所示，得到图形效果如图 10-91 所示。

11　选择"贝塞尔工具" 继续绘制手镯，使用"位图图样填充工具" ，设置对话框如图 10-92 所示，得到图形效果如图 10-93 所示。

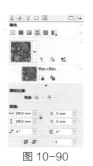

图 10-90　　　　　　　图 10-91　　　　　　　图 10-92　　　　　　　图 10-93

12　选择"贝塞尔工具" 绘制手镯，使用"位图图样填充工具" ，设置对话框如图 10-94 所示，得到图形效果如图 10-95 所示。

13　选择"贝塞尔工具" 绘制手镯，使用"位图图样填充工具" ，设置对话框如图 10-96 所示，得到图形效果如图 10-97 所示。

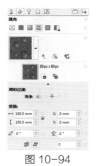
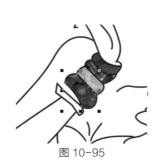
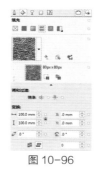

图 10-94　　　　　　　图 10-95　　　　　　　图 10-96　　　　　　　图 10-97

14　使用"贝塞尔工具" ，参照图 10-98 所示绘制图形的明暗轮廓，其颜色设置如图 10-99 和图 10-100 所示。

图 10-98　　　　　　　图 10-99　　　　　　　图 10-100

15　选择"贝塞尔工具" 绘制图形，使用"均匀填充工具" 进行填充，如图 10-101 所示，填充后效果如图 10-102 所示。

16　选择"贝塞尔工具" 绘制图形，使用"均匀填充工具" 进行填充，如图 10-103 所示，填充后效果如图 10-104 所示。

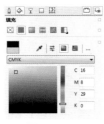
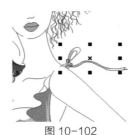

图 10-101　　　　　　　图 10-102　　　　　　　图 10-103　　　　　　　图 10-104

17　选择"透明度工具" ，属性栏设置如图 10-105 所示，参照图 10-106 所示绘制并调整图形。

18　选择"贝塞尔工具" 绘制图形，使用"均匀填充工具" 进行填充，如图 10-107 所示，填充后效果如图 10-108 所示。

图 10-105　　　　　　　　　　　　　图 10-106　　　　　　　　　　　　　图 10-107

19　选择"透明度工具" ，属性栏设置如图 10-109 所示，参照图 10-110 所示绘制并调整图形。

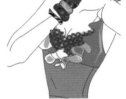

图 10-108　　　　　　　　　　　　　图 10-109　　　　　　　　　　　　　图 10-110

20　使用"贝塞尔工具" ，参照图 10-111 所示绘制图形，其颜色填充为白色。选择"贝塞尔工具" 继续绘制图形，使用"均匀填充工具" 进行填充，如图 10-112 所示，填充后效果如图 10-113 所示。

图 10-111　　　　　　　　　　　　　图 10-112　　　　　　　　　　　　　图 10-113

21　使用"贝塞尔工具" ，参照图 10-114 所示绘制图形，其颜色填充为黑色。选择"艺术笔工具" ，属性栏设置如图 10-115 所示，参照图 10-116 所示绘制并调整图形。

图 10-114　　　　　　　　　　　　　图 10-115　　　　　　　　　　　　　图 10-116

10.4 泡泡裙款式设计

✎ **01** 按 Ctrl+N 键或执行菜单"文件 / 新建"命令，系统会自动新建一个 A4 大小的空白文档。

✎ **02** 参照图 10-117 所示设置属性栏，调整文档大小，执行菜单"文件 / 导入"命令，将素材文件夹中名为"10.4"的素材图像导入该文档中，按如图 10-118 所示调整摆放位置。

✎ **03** 单击工具箱中的"贝塞尔工具"，参照图 10-119 所示绘制出人物的线稿轮廓。选择"轮廓工具"，打开轮廓笔对话框，参数设置如图 10-120 所示。下面对人物进行颜色填充。

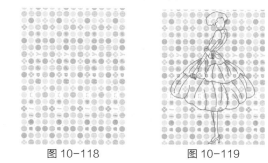

图 10-117   图 10-118   图 10-119

✎ **04** 选择"贝塞尔工具"绘制人物皮肤的明暗轮廓，使用"均匀填充工具"进行填充，如图 10-121 和图 10-122 所示，填充后效果如图 10-123 所示。

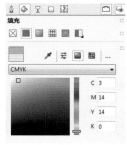

图 10-120   图 10-121   图 10-122   图 10-123

✎ **05** 参照图 10-124 所示绘制人物的头发、鞋及上衣，其颜色填充为黑色。选择"贝塞尔工具"绘制人物的裙子，使用"均匀填充工具"进行填充，如图 10-125 所示，填充后效果如图 10-126 所示。

图 10-124   图 10-125   图 10-126

✎ **06** 使用"贝塞尔工具"绘制裙子的明部轮廓，明部颜色填充如图 10-127 所示，得到图形效果如图 10-128 所示。

✎ **07** 使用"贝塞尔工具"绘制鞋的明部轮廓，明部颜色填充如图 10-129 所示，得到图形效果如图 10-130 所示。

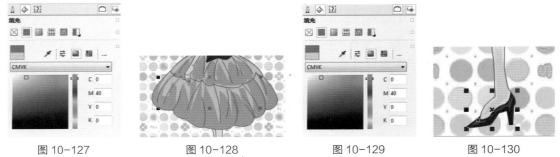

图 10-127　　　　图 10-128　　　　图 10-129　　　　图 10-130

✎ 08　参照图 10-131 所示绘制裙子，其颜色填充为黑色。使用"贝塞尔工具" ⏎ 绘制头发的明部轮廓，明部颜色填充如图 10-132 所示，得到图形效果如图 10-133 所示。

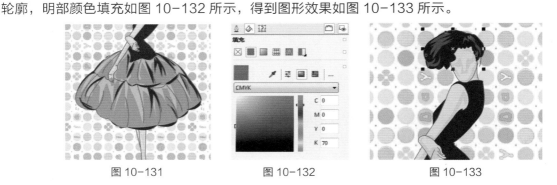

图 10-131　　　　　　图 10-132　　　　　　图 10-133

✎ 09　使用"贝塞尔工具" ⏎，参照图 10-134 所示绘制上衣的明暗轮廓，明暗颜色填充如图 10-135 至图 10-137 所示。

图 10-134　　　　图 10-135　　　　图 10-136　　　　图 10-137

✎ 10　参照图 10-138 所示绘制人物的眼睛及眉毛，其颜色填充为黑色，参照图 10-139 所示继续绘制眼睛，其颜色填充为白色。

✎ 11　选择"贝塞尔工具" ⏎ 绘制嘴，使用"均匀填充工具" ■ 进行填充，如图 10-140 所示，填充后效果如图 10-141 所示。

图 10-138　　　　图 10-139　　　　图 10-140　　　　图 10-141

12　使用"贝塞尔工具" 绘制嘴明部轮廓，明部颜色填充如图 10-142 所示，得到图形效果如图 10-143 所示。

图 10-142　　　　　　　　　　　图 10-143

13　选择"艺术笔工具" ，属性栏设置如图 10-144 所示，参照图 10-145 所示绘制图形，得到图形最终效果如图 10-146 所示。

图 10-144

图 10-145　　　　　　　　　　　图 10-146

本章知识要点

- 连体职业裙装款式设计
- 短袖裤裙款式设计
- 起肩片裙款式设计
- 短衫长裤款式设计
- 套装、长马甲三件套款式设计
- 女性职业套裙款式设计

第11章
办公室职业装款式设计

11.1　连体职业裙装款式设计

01　按 Ctrl+N 键或执行菜单"文件/新建"命令，系统会自动新建一个 A4 大小的空白文档。

02　参照图 11-1 所示设置属性栏，调整文档大小，执行菜单"文件/导入"命令，将素材文件夹中名为"11.1"的素材图像导入该文档中，如图 11-2 所示调整摆放位置。

图 11-1　　　　　　　　　　图 11-2

03　单击工具箱中的"贝塞尔工具" ，参照图 11-3 所示绘制出人物的线稿轮廓。选择"贝塞尔工具" ，绘制皮肤的明暗轮廓，其颜色填充如图 11-4 和图 11-5 所示，得到图形效果如图 11-6 所示。

图 11-3

图 11-4

图 11-5

图 11-6

04 选择"贝塞尔工具" 绘制衣裙，使用"均匀填充工具" ■ 进行填充，如图 11-7 所示，填充后效果如图 11-8 所示。

05 选择"贝塞尔工具" 绘制人物头发，使用"均匀填充工具" ■ 进行填充，如图 11-9 所示，填充后效果如图 11-10 所示。

图 11-7　　　　图 11-8　　　　图 11-9　　　　图 11-10

06 选择"基本形状工具" ，设置属性栏如图 11-11 所示，参照图 11-12 所示绘制图形，右键单击调色板中的 ⊠ 按钮，去除对象轮廓色，选择"均匀填充工具" ■，设置对话框如图 11-13 所示，得到的图形效果如图 11-14 所示，参照图 11-15 所示复制图形。

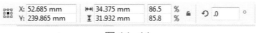

图 11-11

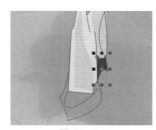

图 11-12　　　　图 11-13　　　　图 11-14　　　　图 11-15

07 选择"贝塞尔工具" 绘制鞋，使用"均匀填充工具" ■ 进行填充，如图 11-16 所示，填充后效果如图 11-17 所示。

08 选择"贝塞尔工具" 绘制鞋，使用"均匀填充工具" ■ 进行填充，如图 11-18 所示，填充后效果如图 11-19 所示。

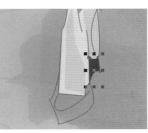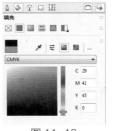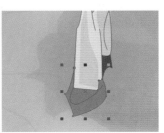

图 11-16　　　　图 11-17　　　　图 11-18　　　　图 11-19

09 选择"贝塞尔工具" 绘制图形面积轮廓，选择"位图图样填充工具" ■，设置对话框如图 11-20 所示，得到图形效果如图 11-21 所示。

 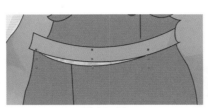  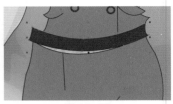

10 选择"贝塞尔工具"🖋️绘制腰带面积轮廓,使用"均匀填充工具"■进行填充,如图 11-22 所示,填充后效果如图 11-23 所示。

| 图 11-20 | 图 11-21 | 图 11-22 | 图 11-23 |

11 选择"贝塞尔工具"🖋️绘制丝巾,使用"均匀填充工具"■进行填充,如图 11-24 所示,填充后效果如图 11-25 所示。

12 选择"贝塞尔工具"🖋️绘制包,使用"均匀填充工具"■进行填充,如图 11-26 所示,填充后效果如图 11-27 所示。

| 图 11-24 | 图 11-25 | 图 11-26 | 图 11-27 |

13 选择"贝塞尔工具"🖋️绘制太阳镜,使用"均匀填充工具"■进行填充,如图 11-28 所示,填充后效果如图 11-29 所示。

14 使用"贝塞尔工具"🖋️参照图 11-30 所示绘制人物头发明暗的轮廓,其颜色设置如图 11-31 至图 11-35 所示。

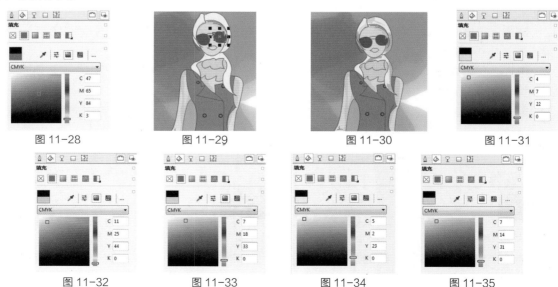

| 图 11-28 | 图 11-29 | 图 11-30 | 图 11-31 |

| 图 11-32 | 图 11-33 | 图 11-34 | 图 11-35 |

15 使用"贝塞尔工具"，参照图 11-36 所示绘制鞋明暗轮廓，其颜色设置如图 11-37 至图 11-39 所示。

图 11-36

图 11-37

图 11-38

图 11-39

16 使用"贝塞尔工具"，参照图 11-40 所示绘制衣裙明暗轮廓，其颜色设置如图 11-41 至图 11-43 所示。

图 11-40

图 11-41

图 11-42

图 11-43

17 选择"贝塞尔工具"绘制图形，选择"位图图样填充工具"，设置对话框如图 11-44 所示，得到图形效果如图 11-45 所示。利用同样的方式参照图 11-46 所示绘制图形。

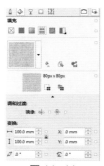

图 11-44

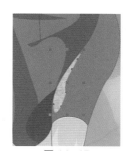
图 11-45

图 11-46

18 使用"贝塞尔工具"，参照图 11-47 所示绘制丝巾明暗轮廓，其颜色设置如图 11-48 至图 11-50 所示。

图 11-47

图 11-48

图 11-49

图 11-50

19　使用"贝塞尔工具" ，参照图 11-51 所示绘制包的明暗轮廓，其颜色设置如图 11-52 至图 11-54 所示。

20　参照图 11-55 所示绘制图形，其颜色设置为黑色。选择"贝塞尔工具" 绘制图形，选择"位图图样填充工具" ，设置对话框如图 11-56 所示，得到图形效果如图 11-57 所示。

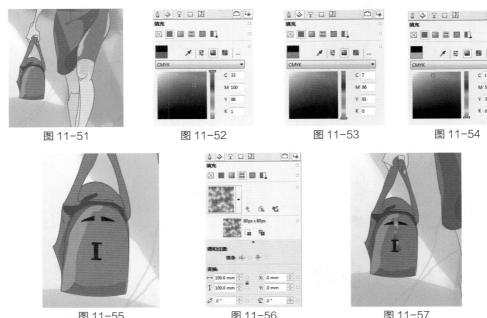

图 11-51　　　　　图 11-52　　　　　图 11-53　　　　　图 11-54

图 11-55　　　　　图 11-56　　　　　图 11-57

21　使用"贝塞尔工具" ，参照图 11-58 所示绘制太阳镜明暗轮廓，其颜色设置如图 11-59 至图 11-62 所示。

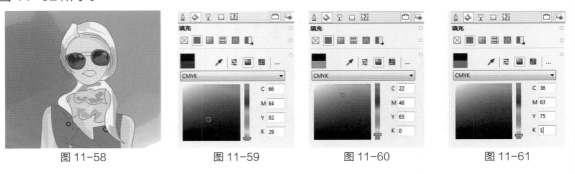

图 11-58　　　　　图 11-59　　　　　图 11-60　　　　　图 11-61

22　使用"贝塞尔工具" ，参照图 11-63 所示绘制嘴明暗轮廓，其颜色设置如图 11-64 和图 11-65 所示。

图 11-62　　　　　图 11-63　　　　　图 11-64　　　　　图 11-65

23　选择"艺术笔工具"，属性栏设置如图 11-66 所示，参照图 11-67 所示绘制图形，将绘制好的图形参照图 11-68 所示复制多个。

图 11-66　　　　　　　　　　　　　图 11-67　　　　图 11-68

11.2　短袖裤裙款式设计

01　按 Ctrl+N 键或执行菜单"文件 / 新建"命令，系统会自动新建一个 A4 大小的空白文档。

02　参照图 11-69 所示设置属性栏，调整文档大小，执行菜单"文件 / 导入"命令，将素材文件夹中名为"11.2"的素材图像导入该文档中，按如图 11-70 所示调整摆放位置。

图 11-69

03　单击工具箱中的"贝塞尔工具"，参照图 11-71 所示绘制出人物的线稿轮廓。选择"轮廓工具"，打开轮廓笔对话框，参数设置如图 11-72 所示。

04　选择"贝塞尔工具"绘制人物的皮肤，使用"均匀填充工具"进行填充，如图 11-73 所示，填充后效果如图 11-74 所示。

05　使用"贝塞尔工具"绘制皮肤暗部轮廓，暗部颜色填充如图 11-75 所示，得到图形效果如图 11-76 所示。

06　参照图 11-77 所示绘制人物头发，其颜色设置为黑色，参照图 11-78 所示绘制鞋，其颜色设置为黑色。

图 11-70　　　　图 11-71　　　　　　图 11-72　　　　　　　图 11-73　　　　　　图 11-74

07　选择"贝塞尔工具"绘制衣服，使用"均匀填充工具"进行填充，如图 11-79 所示，填充后效果如图 11-80 所示。

图 11-75

图 11-76

图 11-77

图 11-78

08　选择"贝塞尔工具" 绘制短裤，使用"均匀填充工具" 进行填充，如图 11-81 所示，填充后效果如图 11-82 所示。

图 11-79

图 11-80

图 11-81

图 11-82

09　选择"贝塞尔工具" 绘制图形，选择"底纹填充工具" ，设置对话框如图 11-83 所示，得到图形效果如图 11-84 所示。利用同样的方法参照图 11-85 所示继续绘制图形。

图 11-83

图 11-84

图 11-85

10　选择"贝塞尔工具" 绘制包，使用"均匀填充工具" 进行填充，如图 11-86 所示，填充后效果如图 11-87 所示。

11　选择"贝塞尔工具" 绘制衣服，使用"均匀填充工具" 进行填充，如图 11-88 所示，填充后效果如图 11-89 所示。

12　使用"贝塞尔工具" 绘制衣服明部轮廓，明部颜色填充如图 11-90 所示，得到图形效果如图 11-91 所示。

13　使用"贝塞尔工具" 绘制衣服暗部轮廓，暗部颜色填充如图 11-92 所示，得到图形效果如图 11-93 所示。

14　使用"贝塞尔工具" 参照图 11-94 所示绘制人物裤子明暗轮廓，其颜色设置如图 11-95 和图 11-96 所示。

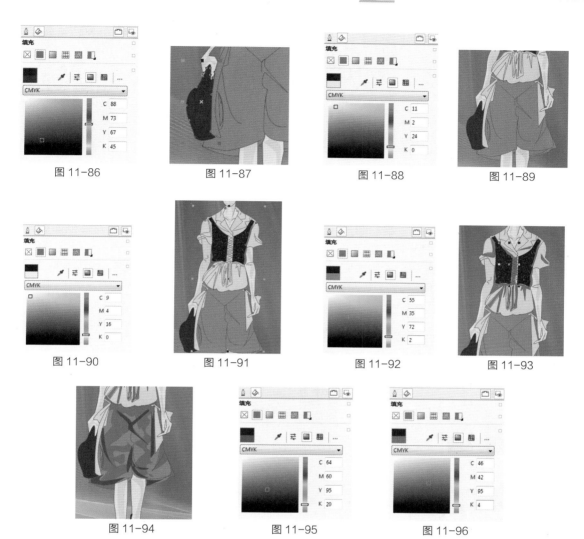

图 11-86　　　　　　图 11-87　　　　　　图 11-88　　　　　　图 11-89

图 11-90　　　　　　图 11-91　　　　　　图 11-92　　　　　　图 11-93

图 11-94　　　　　　图 11-95　　　　　　图 11-96

15　选择"贝塞尔工具"➘绘制包的明暗轮廓，明暗部颜色填充如图 11-97 和图 11-98 所示，得到图形效果如图 11-99 所示。

图 11-97　　　　　　　图 11-98　　　　　　　　图 11-99

16　选择"贝塞尔工具"➘绘制图形，使用"均匀填充工具"■进行填充，如图 11-100 所示，填充后效果如图 11-101 所示。

17　选择"贝塞尔工具"➘绘制图形，使用"均匀填充工具"■进行填充，如图 11-102 所示，填充后效果如图 11-103 所示。

图 11-100

图 11-101

图 11-102

图 11-103

18　选择"贝塞尔工具"绘制图形，使用"均匀填充工具"进行填充，如图 11-104 所示，填充后效果如图 11-105 所示。

19　选择"贝塞尔工具"绘制图形，使用"位图图样填充工具"，设置对话框如图 11-106 所示，得到图形效果如图 11-107 所示。

20　选择"贝塞尔工具"绘制太阳镜，使用"均匀填充工具"进行填充，如图 11-108 所示，填充后效果如图 11-109 所示。

图 11-104

图 11-105

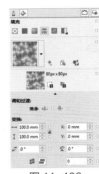
图 11-106

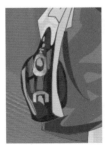
图 11-107

图 11-108

图 11-109

21　使用"贝塞尔工具"，参照图 11-110 所示绘制人物衣裤明暗轮廓，其颜色设置如图 11-111 和图 11-112 所示。

图 11-110

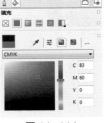
图 11-111

图 11-112

22 使用"贝塞尔工具" 绘制头发明部轮廓，明部颜色填充如图 11-113 所示，得到图形效果如图 11-114 所示。

23 选择"贝塞尔工具" ，参照图 11-115 所示绘制嘴的明暗轮廓，明暗部颜色填充如图 11-116 和图 11-117 所示。

24 选择"贝塞尔工具" 绘制图形，使用"图样填充工具" ，设置对话框如图 11-118 所示，得到图形效果如图 11-119 所示。

图 11-113

图 11-114

图 11-115

图 11-116

图 11-117

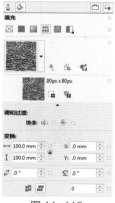
图 11-118

图 11-119

25 选择"艺术笔工具" ，属性栏设置如图 11-120 所示。参照图 11-121 所示绘制并调整图形，得到图形最终效果，如图 11-122 所示。

图 11-120

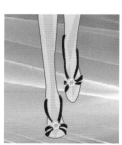
图 11-121

图 11-122

11.3　起肩片裙款式设计

01　按 Ctrl+N 键或执行菜单"文件 / 新建"命令，系统会自动新建一个 A4 大小的空白文档。

02　参照图 11-123 所示设置属性栏，调整文档大小，执行菜单"文件 / 导入"命令，将素材文件夹中名为"11.3"的素材图像导入该文档中，按如图 11-124 所示调整摆放位置。

图 11-123

图 11-124

03　单击工具箱中的"贝塞尔工具" ，参照图 11-125 所示绘制出人物的线稿轮廓。选择"轮廓工具" ，打开轮廓笔对话框，参数设置如图 11-126 所示。

04　选择"贝塞尔工具" 绘制皮肤明暗轮廓，其颜色设置如图 11-127 和图 11-128 所示，得到图形效果如图 11-129 所示。

图 11-125

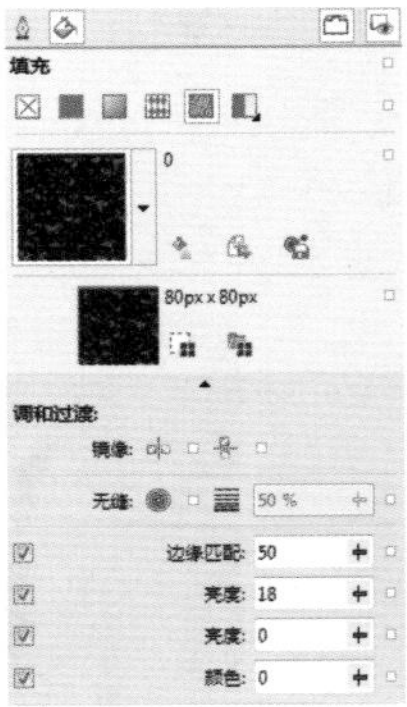

图 11-126

图 11-127

图 11-128

图 11-129

05　选择"贝塞尔工具" 绘制头发，使用"均匀填充工具" 进行填充，如图 11-130 所示，填充后效果如图 11-131 所示。

06　选择"贝塞尔工具" 绘制内裙，使用"均匀填充工具" 进行填充，如图 11-132 所示，填充后效果如图 11-133 所示。

图 11-130

图 11-131

图 11-132

图 11-133

07　选择"贝塞尔工具" 绘制上衣，使用"均匀填充工具" 进行填充，如图 11-134 所示，填充后效果如图 11-135 所示。

08　选择"贝塞尔工具" 绘制外裙，使用"均匀填充工具" 进行填充，如图 11-136 所示，填充后效果如图 11-137 所示。

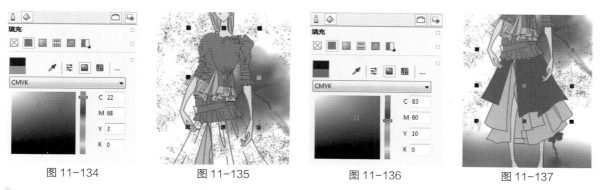

图 11-134　　　　　图 11-135　　　　　图 11-136　　　　　图 11-137

09　选择"贝塞尔工具"，继续绘制皮肤明暗轮廓，其颜色设置如图 11-138 和图 11-139 所示，得到图形效果如图 11-140 所示。

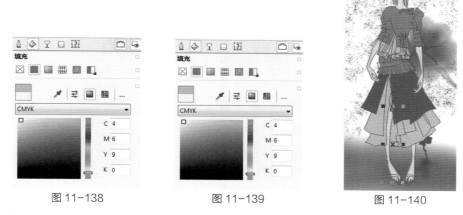

图 11-138　　　　　　图 11-139　　　　　　图 11-140

10　选择"贝塞尔工具"，参照图 11-141 所示绘制上衣明暗面积轮廓，明暗部颜色填充如图 11-142 和图 11-143 所示。

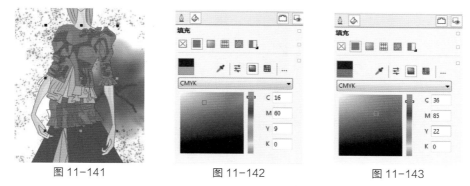

图 11-141　　　　　　图 11-142　　　　　　图 11-143

11　选择"贝塞尔工具"，参照图 11-144 所示绘制图形明暗轮廓，明暗部颜色填充如图 11-145 所示。

12　使用"贝塞尔工具"绘制裙子暗部轮廓，暗部颜色填充如图 11-146 所示，得到图形效果如图 11-147 所示。

13　选择"贝塞尔工具"绘制鞋，使用"均匀填充工具"进行填充，如图 11-148 所示，填充后效果如图 11-149 所示。

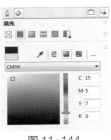

图 11-144　　　　图 11-145　　　　图 11-146　　　　图 11-147

14　参照图 11-150 所示绘制鞋底，其颜色设置为黑色，选择"贝塞尔工具" 继续绘制鞋底，使用"均匀填充工具" 进行填充，如图 11-151 所示，填充后效果如图 11-152 所示。

图 11-148　　　图 11-149　　　图 11-150　　　图 11-151　　　图 11-152

15　选择"贝塞尔工具" 绘制腰带，使用"位图图样填充工具"，设置对话框如图 11-153 所示，得到图形效果如图 11-154 所示。

16　选择"贝塞尔工具" 绘制图形，使用"位图图样填充工具"，设置对话框如图 11-155 所示，得到图形效果如图 11-156 所示。

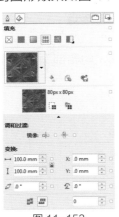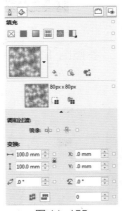

图 11-153　　　　图 11-154　　　　图 11-155　　　　图 11-156

17　选择"贝塞尔工具" 绘制图形，使用"均匀填充工具" 进行填充，如图 11-157 所示，填充后效果如图 11-158 所示。

18　参照图 11-159 所示绘制眼睛，其颜色设置为黑色，参照图 11-160 所示继续绘制眼睛，设置颜色为白色。

19　使用"贝塞尔工具" ，参照图 11-161 所示绘制人物嘴的明暗轮廓，其颜色设置为如图 11-162 和图 11-163 所示。

20　使用"贝塞尔工具" 绘制头发明部轮廓，明部颜色填充如图 11-164 所示，得到图形效果如图 11-165 所示。

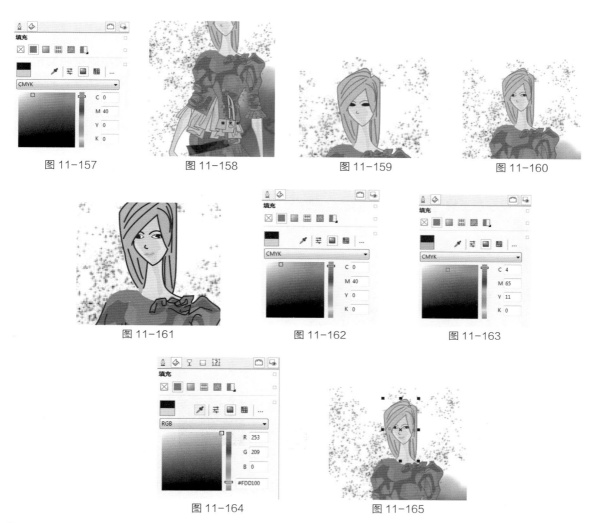

图 11-157   图 11-158   图 11-159   图 11-160

图 11-161   图 11-162   图 11-163

图 11-164   图 11-165

21   选择"艺术笔工具" ，属性栏设置如图 11-166 所示，参照图 11-167 所示绘制并调整图形，从而得到图形最终效果，如图 11-168 所示。

图 11-166

图 11-167   图 11-168

11.4 短衫长裤款式设计

01 按 Ctrl+N 键或执行菜单"文件 / 新建"命令，系统会自动新建一个 A4 大小的空白文档。

02 参照图 11-169 所示设置属性栏，调整文档大小，执行菜单"文件 / 导入"命令，将素材文件夹中名为"11.4"的素材图像导入该文档中，按如图 11-170 所示调整摆放位置。

图 11-169

03 单击工具箱中的"贝塞尔工具" ，参照图 11-171 所示绘制出人物的线稿轮廓。选择"轮廓工具"，打开轮廓笔对话框，参数设置如图 11-172 所示。

04 选择"贝塞尔工具" 绘制人物皮肤，使用"均匀填充工具" 进行填充，如图 11-173 所示，填充后效果如图 11-174 所示。

图 11-170 图 11-171 图 11-172 图 11-173 图 11-174

05 选择"贝塞尔工具" 绘制人物头发，使用"均匀填充工具" 进行填充，如图 11-175 所示，填充后效果如图 11-176 所示。

06 选择"贝塞尔工具" 绘制裤子，使用"均匀填充工具" 进行填充，如图 11-177 所示，填充后效果如图 11-178 所示。

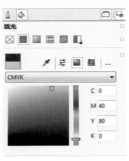   

图 11-175 图 11-176 图 11-177 图 11-178

07 选择"贝塞尔工具" 绘制包，使用"均匀填充工具" 进行填充，如图 11-179 所示，填充后效果如图 11-180 所示。

08 选择"贝塞尔工具" 绘制鞋的轮廓，使用"位图图样填充工具" ，设置对话框如图 11-181 所示，得到图形效果如图 11-182 所示。

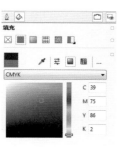

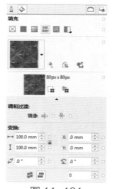

图 11-179　　　　　　图 11-180　　　　　　图 11-181　　　　　　图 11-182

09 　使用"贝塞尔工具" 绘制皮肤暗部轮廓，暗部颜色填充如图 11-183 所示，得到图形效果如图 11-184 所示。

10 　使用"贝塞尔工具" 绘制头发明部轮廓，明部颜色填充如图 11-185 所示，得到图形效果如图 11-186 所示。

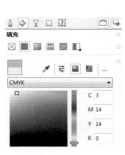

图 11-183　　　　　　图 11-184　　　　　　图 11-185　　　　　　图 11-186

11 　选择"贝塞尔工具" 绘制上衣，使用"均匀填充工具" ■ 进行填充，如图 11-187 所示，填充后效果如图 11-188 所示。

12 　使用"贝塞尔工具" 参照图 11-189 所示绘制上衣的明暗轮廓，其颜色设置如图 11-190 至图 11-192 所示。

图 11-187　　　　　　图 11-188　　　　　　图 11-189　　　　　　图 11-190

13 　参照图 11-193 所示绘制衣服，其颜色填充为白色。选择"交互式透明工具" ，属性栏设置如图 11-194 所示，参照图 11-195 所示绘制并调整图形。

图 11-191　　　　　　　　　　图 11-192

图 11-193　　　　　　　图 11-194　　　　　　图 11-195

✎ 14　使用"贝塞尔工具" ，参照图 11-196 所示绘制裤子的明暗轮廓，其颜色设置如图 11-197 至图 11-201 所示。

图 11-196　　　　　　　图 11-197　　　　　　　图 11-198

图 11-199　　　　　　　图 11-200　　　　　　　图 11-201

✎ 15　使用"贝塞尔工具" ，参照图 11-202 所示绘制包的明暗轮廓，其颜色设置如图 11-203 至图 11-205 所示。

图 11-202

图 11-203

图 11-204

图 11-205

16　选择"贝塞尔工具" 绘制图形，使用"均匀填充工具" 进行填充，如图 11-206 所示，填充后效果如图 11-207 所示。

17　选择"贝塞尔工具" 绘制图形，使用"均匀填充工具" 进行填充，如图 11-208 所示，填充后效果如图 11-209 所示。

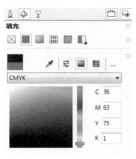
图 11-206

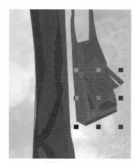
图 11-207

图 11-208

图 11-209

18　选择"贝塞尔工具" 绘制图形，使用"均匀填充工具" 进行填充，如图 11-210 所示，填充后效果如图 11-211 所示。

19　选择"贝塞尔工具" 绘制图形，使用"均匀填充工具" 进行填充，如图 11-212 所示，填充后效果如图 11-213 所示。

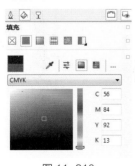

图 11-210

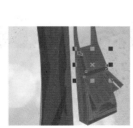
图 11-211

图 11-212

图 11-213

20　选择"贝塞尔工具" 绘制图形，使用"均匀填充工具" 进行填充，如图 11-214 所示，填充后效果如图 11-215 所示。

21　选择"艺术笔工具" ，属性栏设置如图 11-216 所示，参照图 11-217 所示绘制并调整图形。

22　参照图 11-218 所示绘制眼睛，其颜色设置为黑色，参照图 11-219 所示继续绘制眼睛，设置颜色为白色。

图 11-214　　　　　图 11-215

图 11-216

23　选择"贝塞尔工具" 绘制眼影，使用"均匀填充工具" 进行填充，如图 11-220 所示，填充后效果如图 11-221 所示。

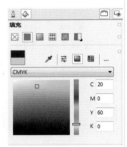

图 11-217　　　　　图 11-218　　　　　图 11-219　　　　　图 11-220

24　使用"贝塞尔工具" ，参照图 11-222 所示绘制嘴的明暗轮廓，其颜色设置如图 11-223 和图 11-224 所示，得到图形最终效果如图 11-225 所示。

图 11-221　　　　　图 11-222　　　　　图 11-223　　　　　图 11-224　　　　　图 11-225

11.5　套装、长马甲三件套款式设计

01　按 Ctrl+N 键或执行菜单"文件 / 新建"命令，系统会自动新建一个 A4 大小的空白文档。

02　参照图 11-226 所示设置属性栏，调整文档大小，执行菜单"文件 / 导入"命令，将素材文件夹中名为"11.5"的素材图像导入该文档中，按如图 11-227 所示调整摆放位置。

图 11-226

03　单击工具箱中的"贝塞尔工具" ，参照图 11-228 所示绘制出人物的线稿轮廓。选择"轮

廓工具"﹏，打开轮廓笔对话框，参数设置如图 11-229 所示，下面对人物进行颜色填充。

╱◯4　选择"贝塞尔工具"﹏绘制人物皮肤，使用"均匀填充工具"█进行填充，如图 11-230 所示，填充后效果如图 11-231 所示。

图 11-227　　　图 11-228　　　　　　图 11-229　　　　　　图 11-230　　　　　　图 11-231

╱◯5　使用"贝塞尔工具"﹏绘制头发，颜色填充如图 11-232 所示，得到图形效果如图 11-233 所示。

╱◯6　选择"贝塞尔工具"﹏绘制人物外衣，使用"均匀填充工具"█进行填充，如图 11-234 所示，填充后效果如图 11-235 所示。

图 11-232　　　　　　　图 11-233　　　　　　　图 11-234　　　　　　　图 11-235

╱◯7　选择"贝塞尔工具"﹏绘制人物内衣，使用"均匀填充工具"█进行填充，如图 11-236 所示，填充后效果如图 11-237 所示。

╱◯8　选择"贝塞尔工具"﹏绘制短裤，使用"底纹填充工具"▤，设置对话框如图 11-238 所示，得到图形效果如图 11-239 所示。

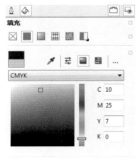

图 11-236　　　　　　　图 11-237　　　　　　　图 11-238　　　　　　　图 11-239

09 选择"贝塞尔工具" ，绘制裤腿，选择"底纹填充工具" ，设置对话框如图 11-240 所示，得到图形效果如图 11-241 所示。利用同样的方法参照图 11-242 所示继续绘制。

图 11-240

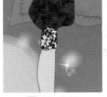

图 11-241

图 11-242

10 使用"贝塞尔工具" ，绘制皮肤暗部轮廓，暗部颜色填充如图 11-243 所示，得到图形效果如图 11-244 所示。

11 使用"贝塞尔工具" ，绘制头发明部轮廓，明部颜色填充如图 11-245 所示，得到图形效果如图 11-246 所示。

图 11-243

图 11-244

图 11-245

图 11-246

12 使用"贝塞尔工具" ，绘制外衣暗部轮廓，暗部颜色填充如图 11-247 所示，得到图形效果如图 11-248 所示。

13 使用"贝塞尔工具" ，继续绘制外衣暗部轮廓，暗部颜色填充如图 11-249 所示，得到图形效果如图 11-250 所示。

图 11-247

图 11-248

图 11-249

图 11-250

14　选择"贝塞尔工具" 绘制人物的眼影，使用"均匀填充工具"■进行填充，如图 11-251 所示，填充后效果如图 11-252 所示。

15　参照图 11-253 所示绘制人物的眼睛，其颜色填充为黑色。参照如图 11-254 所示继续绘制，其颜色填充为白色。

图 11-251

图 11-252

图 11-253

图 11-254

16　选择"贝塞尔工具" ，参照图 11-255 所示绘制嘴的明暗轮廓，其颜色填充如图 11-256 和图 11-257 所示。

图 11-255

图 11-256

图 11-257

17　使用"贝塞尔工具" 绘制内衣暗部轮廓，暗部颜色填充如图 11-258 所示，得到图形效果如图 11-259 所示。

18　使用"椭圆形工具" 参照图 11-260 所示绘制多个图形，其颜色填充如图 11-261 所示。

图 11-258

图 11-259

图 11-260

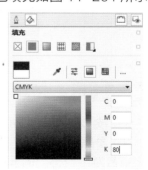
图 11-261

19　选择"贝塞尔工具" 绘制鞋，选择"位图图样填充工具" ，设置对话框如图 11-262 所示，得到图形效果如图 11-263 所示。利用同样的方法绘制另一只鞋，如图 11-264 所示。

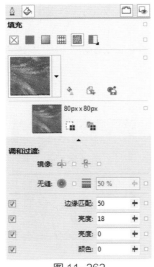

图 11-262　　　　　　　　　图 11-263　　　　　　　　　图 11-264

✎ 20　参照图 11-265 所示，将鞋底填充为黑色，从而得到图形最终效果，如图 11-266 所示。

图 11-265　　　　　　　　　图 11-266

🧵 11.6　女性职业套裙款式设计

✎ 01　按 Ctrl+N 键或执行菜单"文件 / 新建"命令，系统会自动新建一个 A4 大小的空白文档。

✎ 02　参照图 11-267 所示设置属性栏，调整文档大小，执行菜单"文件 / 导入"命令，将素材文件夹中名为"11.6"的素材图像导入该文档中，按如图 11-268 所示调整摆放位置。

图 11-267

✎ 03　单击工具箱中的"贝塞尔工具" ，参照图 11-269 所示绘制出人物的线稿轮廓。选择"轮廓工具" ，打开轮廓笔对话框，参数设置如图 11-270 所示。

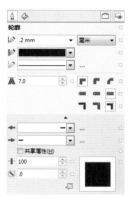

图 11-268　　　　　　　　　图 11-269　　　　　　　　　图 11-270

 04　选择"艺术笔工具" ，属性栏设置如图 11-271 所示，参照图 11-272 所示绘制图形，将该图形复制多个，如图 11-273 所示。

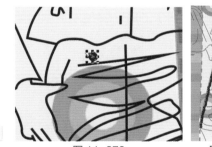

图 11-271　　　　　　　　　　　图 11-272　　　　　　　图 11-273

05　选择"贝塞尔工具" 绘制人物皮肤，使用"均匀填充工具" 进行填充，如图 11-274 所示，填充后效果如图 11-275 所示。

06　选择"贝塞尔工具" 绘制人物头发，使用"均匀填充工具" 进行填充，如图 11-276 所示，填充后效果如图 11-277 所示。

图 11-274　　　　　　图 11-275　　　　　　　图 11-276　　　　　　　图 11-277

07　选择"贝塞尔工具"绘制人物衣服，使用"均匀填充工具"进行填充，如图 11-278 所示，填充后效果如图 11-279 所示。

08　选择"贝塞尔工具"绘制人物裙子，使用"均匀填充工具"进行填充，如图 11-280 所示，填充后效果如图 11-281 所示。

图 11-278

图 11-279

图 11-280

图 11-281

09　使用"贝塞尔工具"绘制头发明部轮廓，明部颜色填充如图 11-282 所示，得到图形效果如图 11-283 所示。

10　使用"贝塞尔工具"绘制皮肤暗部轮廓，暗部颜色填充如图 11-284 所示，得到图形效果如图 11-285 所示。

图 11-282

图 11-283

图 11-284

图 11-285

11　选择"贝塞尔工具"，参照图 11-286 所示绘制上衣明暗部轮廓，其颜色填充如图 11-287 和图 11-288 所示。

12　选择"贝塞尔工具"绘制衣服图形的轮廓，使用"均匀填充工具"进行填充，如图 11-289 所示，填充后效果如图 11-290 所示。

图 11-286　　　　　　　　　　　图 11-287　　　　　　　　　　　图 11-288

13　使用"贝塞尔工具" 绘制裙子暗部轮廓，暗部颜色填充如图 11-291 所示，得到图形效果如图 11-292 所示。

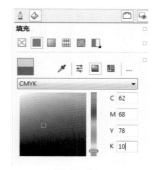

图 11-289　　　　　　　　图 11-290　　　　　　　　图 11-291　　　　　　　　图 11-292

14　参照图 11-293 所示绘制鞋底，其颜色填充为黑色。绘制眼睛如图 11-294 所示，并填充颜色为黑色。

15　参照图 11-295 所示继续绘制眼睛，填充颜色为白色。选择"贝塞尔工具" 绘制眼影轮廓，使用"均匀填充工具" 进行填充，如图 11-296 所示，填充后效果如图 11-297 所示。

16　选择"贝塞尔工具" ，参照图 11-298 所示绘制嘴的明暗轮廓，其颜色填充如图 11-299 和图 11-300 所示。

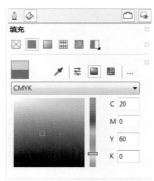

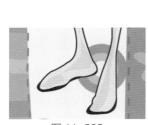

图 11-293　　　　　　　　图 11-294　　　　　　　　图 11-295　　　　　　　　图 11-296

图 11-297

图 11-298

图 11-299

图 11-300

17 使用"艺术笔工具" ，属性栏设置如图 11-301 所示，参照图 11-302 和图 11-303 所示绘制鞋及上衣，得到图形最终效果如图 11-304 所示。

图 11-301

图 11-302

图 11-303

图 11-304

第12章
时尚女风衣款式设计

本章知识要点

◈ 飘逸宽松风衣款式设计
◈ 系带长风衣款式设计

12.1　飘逸宽松风衣款式设计

🔧 **01**　按 Ctrl+N 键或执行菜单"文件 / 新建"命令，系统会自动新建一个 A4 大小的空白文档。

📐 **02**　参照图 12-1 所示设置属性栏，调整文档大小，单击工具箱中的"贝塞尔工具"，参照图 12-2 所示绘制出人物的线稿轮廓。选择"轮廓工具"，打开轮廓笔对话框，参数设置如图 12-3 所示。

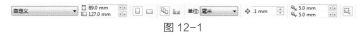

图 12-1

图 12-2

图 12-3

📐 **03**　选择"贝塞尔工具"，参照图 12-4 所示绘制皮肤的明暗轮廓，其颜色填充如图 12-5 和图 12-6 所示。

图 12-4

图 12-5

图 12-6

📐 **04**　选择"贝塞尔工具"绘制头发，使用"均匀填充工具"进行填充，如图 12-7 所示，填充后效果如图 12-8 所示。

05　选择"贝塞尔工具" 绘制外衣，使用"均匀填充工具" 进行填充，如图 12-9 所示，填充后效果如图 12-10 所示。

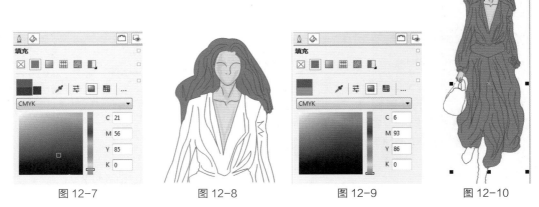

图 12-7　　　　　　图 12-8　　　　　　图 12-9　　　　　　图 12-10

06　选择"贝塞尔工具" 绘制包袋，使用"均匀填充工具" 进行填充，如图 12-11 所示，填充后效果如图 12-12 所示。

07　选择"贝塞尔工具" 绘制包，使用"均匀填充工具" 进行填充，如图 12-13 所示，填充后效果如图 12-14 所示。

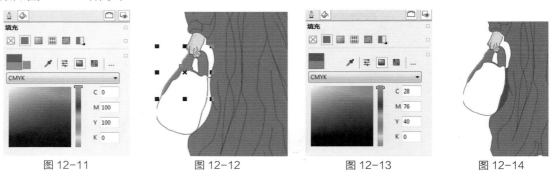

图 12-11　　　　　　图 12-12　　　　　　图 12-13　　　　　　图 12-14

08　选择"贝塞尔工具" 绘制包，使用"均匀填充工具" 进行填充，如图 12-15 所示，填充后效果如图 12-16 所示。

09　选择"贝塞尔工具" 绘制鞋，使用"均匀填充工具" 进行填充，如图 12-17 所示，填充后效果如图 12-18 所示。

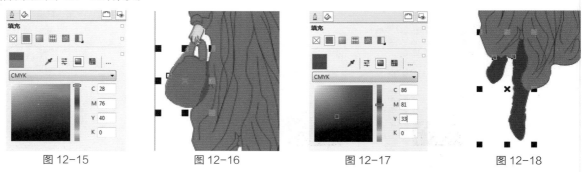

图 12-15　　　　　　图 12-16　　　　　　图 12-17　　　　　　图 12-18

10　使用"贝塞尔工具" ，参照图 12-19 所示绘制人物头发明暗轮廓，其颜色设置如图 12-20 至图 12-24 所示。

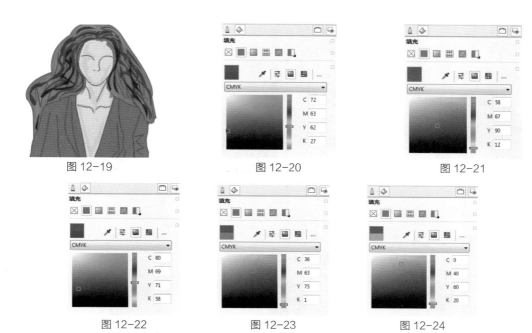

图 12-19　　　　　　　　图 12-20　　　　　　　　图 12-21

图 12-22　　　　　　　　图 12-23　　　　　　　　图 12-24

11　使用"贝塞尔工具"，参照图 12-25 所示绘制嘴明暗轮廓，其颜色设置如图 12-26 和图 12-27 所示。

图 12-25　　　　　　　　图 12-26　　　　　　　　图 12-27

12　参照图 12-28 所示绘制人物的眼睛，其颜色填充为黑色，选择"贝塞尔工具"绘制眼睛内部轮廓，使用"均匀填充工具"进行填充，如图 12-29 所示，填充后效果如图 12-30 所示。

13　参照图 12-31 所示继续绘制眼睛，其颜色设置为白色，参照图 12-32 所示将绘制好的图形水平镜像复制。

图 12-28　　　　　　图 12-29　　　　　　图 12-30　　　　　　图 12-31

14　使用"贝塞尔工具"，参照图 12-33 所示绘制人物外衣明暗轮廓，其颜色设置如图 12-34 至图 12-43 所示。

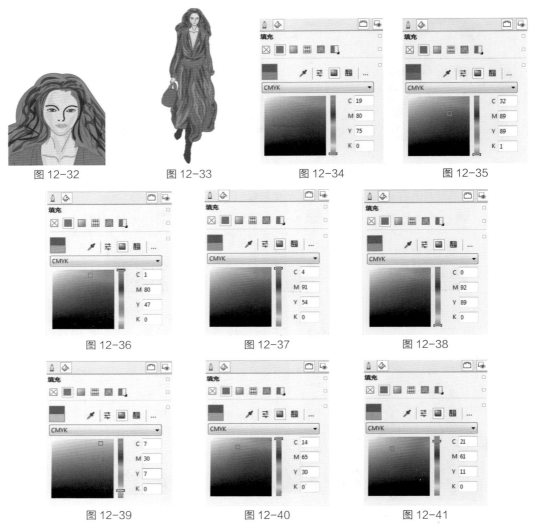

图 12-32　　　　　图 12-33　　　　　图 12-34　　　　　图 12-35

图 12-36　　　　　图 12-37　　　　　图 12-38

图 12-39　　　　　图 12-40　　　　　图 12-41

15　选择"贝塞尔工具" 绘制包，使用"均匀填充工具" 进行填充，如图 12-44 所示，填充后效果如图 12-45 所示。

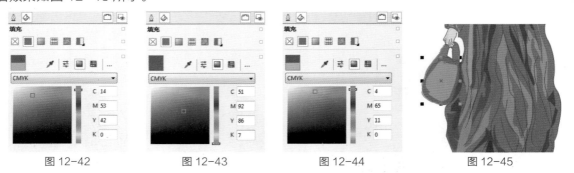

图 12-42　　　　　图 12-43　　　　　图 12-44　　　　　图 12-45

16　选择"贝塞尔工具" 绘制包，使用"均匀填充工具" 进行填充，如图 12-46 所示，填充后效果如图 12-47 所示。

17　使用"交互式透明工具" ，属性栏设置如图 12-48 所示，参照图 12-49 所示绘制并调整图形。

图 12-46

图 12-47

图 12-48

图 12-49

18 使用"贝塞尔工具" 绘制包带暗部轮廓，暗部颜色填充如图 12-50 所示，得到图形效果如图 12-51 所示。

19 选择"贝塞尔工具" 绘制腰带，选择"位图图样填充工具" ，设置对话框如图 12-52 所示，得到图形效果如图 12-53 所示。

图 12-50

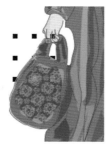
图 12-51

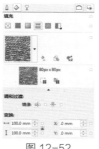
图 12-52

图 12-53

20 选择"贝塞尔工具" 绘制图形，选择"位图图样填充工具" ，设置对话框如图 12-54 所示，得到图形效果如图 12-55 所示。

21 使用"贝塞尔工具" 参照图 12-56 所示绘制人物鞋明暗轮廓，其颜色设置如图 12-57 至图 12-59 所示。执行菜单"文件 / 导入"命令，将素材文件夹中名为"12.1"的素材图像导入该文档中，调整摆放位置，得到图形最终效果，如图 12-60 所示。

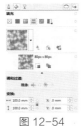
图 12-54

图 12-55

图 12-56

图 12-57

图 12-58

图 12-59

图 12-60

📮 12.2 系带长风衣款式设计

✎ 01 按 Ctrl+N 键或执行菜单 "文件 / 新建" 命令，系统会自动新建一个 A4 大小的空白文档。

✎ 02 参照图 12-61 所示设置属性栏，调整文档大小，单击工具箱中的 "贝塞尔工具" ，参照图 12-62 所示绘制出人物的线稿轮廓。选择 "轮廓工具" ，打开轮廓笔对话框，参数设置如图 12-63 所示。

图 12-61　　　　　　　　　　图 12-62　　　　　　　　图 12-63

✎ 03 选择 "贝塞尔工具" 绘制人物皮肤，使用 "均匀填充工具" 进行填充，如图 12-64 所示，填充后效果如图 12-65 所示。

✎ 04 选择 "贝塞尔工具" 绘制腿部皮肤，使用 "均匀填充工具" 进行填充，如图 12-66 所示，填充后效果如图 12-67 所示。

图 12-64　　　　　　图 12-65　　　　　　图 12-66　　　　　　图 12-67

✎ 05 选择 "贝塞尔工具" 绘制人物头发，使用 "均匀填充工具" 进行填充，如图 12-68 所示，填充后效果如图 12-69 所示。

✎ 06 选择 "贝塞尔工具" 绘制人物外衣，使用 "均匀填充工具" 进行填充，如图 12-70 所示，填充后效果如图 12-71 所示。

图 12-68　　　　　　图 12-69　　　　　　图 12-70　　　　　　图 12-71

07　选择"贝塞尔工具"，绘制人物内衣，使用"均匀填充工具"■进行填充，如图 12-72 所示，填充后效果如图 12-73 所示。

08　选择"贝塞尔工具"，绘制图形，使用"均匀填充工具"■进行填充，如图 12-74 所示，填充后效果如图 12-75 所示。

图 12-72

图 12-73

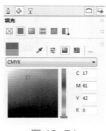

图 12-74

图 12-75

09　选择"贝塞尔工具"，绘制靴子，使用"均匀填充工具"■进行填充，如图 12-76 所示，填充后效果如图 12-77 所示。

10　参照图 12-78 所示将鞋底填充为黑色。选择"贝塞尔工具"，绘制鞋面，使用"均匀填充工具"■进行填充，如图 12-79 所示，填充后效果如图 12-80 所示。

图 12-76

图 12-77

图 12-78

图 12-79

图 12-80

11　使用"贝塞尔工具"，绘制皮肤暗部轮廓，暗部颜色填充如图 12-81 所示，得到图形效果如图 12-82 所示。

12　使用"贝塞尔工具"，绘制皮肤明部轮廓，明部颜色填充如图 12-83 所示，得到图形效果如图 12-84 所示。

图 12-81

图 12-82

图 12-83

图 12-84

13　使用"贝塞尔工具"，参照图 12-85 所示绘制帽子明暗轮廓，其颜色设置如图 12-86 和图 12-87 所示。

14　选择"贝塞尔工具"，绘制图形，使用"均匀填充工具"■进行填充，如图 12-88 所示，填充后效果如图 12-89 所示。

图 12-85　　　　　图 12-86　　　　　图 12-87

15　使用"贝塞尔工具" ，参照图 12-90 所示绘制外衣明暗轮廓，其颜色设置如图 12-91 至图 12-93 所示。

图 12-88　　　　　图 12-89　　　　　图 12-90　　　　　图 12-91

16　选择"贝塞尔工具" 绘制图形，使用"均匀填充工具" 进行填充，如图 12-94 所示，填充后效果如图 12-95 所示。

图 12-92　　　　　图 12-93　　　　　图 12-94　　　　　图 12-95

17　使用"贝塞尔工具" 绘制图形暗部轮廓，暗部颜色填充如图 12-96 所示，得到图形效果如图 12-97 所示。

18　使用"贝塞尔工具" 绘制头发暗部轮廓，暗部颜色填充如图 12-98 所示，得到图形效果如图 12-99 所示。

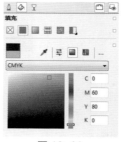

图 12-96　　　　　图 12-97　　　　　图 12-98　　　　　图 12-99

19 参照图 12-100 所示绘制人物的眼睛,其颜色设置为黑色,参照图 12-101 所示继续绘制眼睛,设置颜色为白色。

20 选择"贝塞尔工具" 绘制眼影,使用"均匀填充工具" 进行填充,如图 12-102 所示,填充后效果如图 12-103 所示。

图 12-100

图 12-101

图 12-102

图 12-103

21 使用"贝塞尔工具" ,参照图 12-104 所示绘制嘴的明暗轮廓,其颜色设置如图 12-105 和图 12-106 所示。

图 12-104

图 12-105

图 12-106

22 选择"贝塞尔工具" 绘制图形,使用"位图图样填充工具" ,设置对话框如图 12-107 所示,得到图形效果如图 12-108 所示。利用同样的方法,参照图 12-109 所示继续绘制图形。

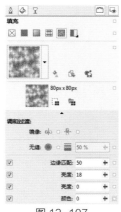
图 12-107

图 12-108

图 12-109

23 使用"贝塞尔工具" 参照图 12-110 所示绘制袖口的明暗轮廓,其颜色设置如图 12-111 和图 12-112 所示。

24 使用"贝塞尔工具" 绘制靴子暗部轮廓,暗部颜色填充如图 12-113 所示,得到图形效果如图 12-114 所示。

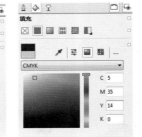

图 12-110　　　　　　图 12-111　　　　　　图 12-112　　　　　　图 12-113　　　　　图 12-114

25　使用"贝塞尔工具" 绘制内衣明部轮廓，明部颜色填充如图 12-115 所示，得到图形效果如图 12-116 所示。

26　使用"贝塞尔工具" 绘制图形明暗部轮廓，明暗部颜色填充如图 12-117 所示，得到图形效果如图 12-118 所示。

图 12-115　　　　　　图 12-116　　　　　　图 12-117　　　　　　图 12-118

27　执行菜单"文件 / 导入"命令，将素材文件夹中名为"12.2"的素材图像导入该文档中，按如图 12-119 所示调整摆放位置。

图 12-119

第 13 章
古代传统服装款式设计

13.1　贵族宫廷款式设计

01　按 Ctrl+N 键或执行菜单"文件／新建"命令，系统会自动新建一个 A4 大小的空白文档。

02　参照图 13-1 所示设置属性栏，调整文档大小，单击工具箱中的"贝塞尔工具"，参照图 13-2 所示绘制出人物的线稿轮廓。选择"轮廓工具"，打开轮廓笔对话框，参数设置如图 13-3 所示。

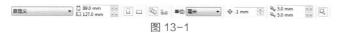

图 13-1

图 13-2　　　　　　　　　图 13-3

03　使用"贝塞尔工具"绘制皮肤明暗轮廓，其颜色设置如图 13-4 和图 13-5 所示，得到图形效果如图 13-6 所示。

图 13-4　　　　　　图 13-5　　　　　　图 13-6

04　参照图 13-7 所示绘制图形，其颜色设置为黑色。选择"贝塞尔工具"绘制图形，使用"均匀填充工具"进行填充，如图 13-8 所示，填充后效果如图 13-9 所示。

05　使用"贝塞尔工具"，参照图 13-10 所示绘制图形明暗轮廓，其颜色设置如图 13-11 至图 13-13 所示。

图 13-7　　　　　　　　　图 13-8　　　　　　　　　图 13-9

图 13-10　　　　　图 13-11　　　　　图 13-12　　　　　图 13-13

⚒ 06　选择"贝塞尔工具" 🖋 绘制图形，使用"均匀填充工具" ■ 进行填充，如图 13-14 所示，填充后效果如图 13-15 所示。

⚒ 07　选择"贝塞尔工具" 🖋 绘制图形，使用"均匀填充工具" ■ 进行填充，如图 13-16 所示，填充后效果如图 13-17 所示。

图 13-14　　　　　图 13-15　　　　　图 13-16　　　　　图 13-17

⚒ 08　使用"贝塞尔工具" 🖋 参照图 13-18 所示绘制外衣明暗轮廓，其颜色设置如图 13-19 和图 13-20 所示。

图 13-18　　　　　　　图 13-19　　　　　　　图 13-20

⚒ 09　使用"贝塞尔工具" 🖋 绘制头发明部轮廓，明部颜色填充如图 13-21 所示，得到图形效果如图 13-22 所示。

10 参照图 13-23 所示绘制人物的眼睛, 其颜色设置为黑色, 参照图 13-24 所示继续绘制眼睛, 其颜色设置为白色。

图 13-21　　　　　图 13-22　　　　　图 13-23　　　　　图 13-24

11 使用 "贝塞尔工具" , 参照图 13-25 所示绘制嘴的明暗轮廓, 其颜色设置如图 13-26 和图 13-27 所示。

图 13-25　　　　　图 13-26　　　　　图 13-27

12 选择 "艺术笔工具" , 属性栏设置如图 13-28 所示, 在头部上进行绘制并调整图形。设置并更改艺术笔工具的属性栏如图 13-29 所示, 参照图 13-30 所示调整图形。执行菜单 "文件 / 导入" 命令, 将素材文件夹中名为 "13.1" 的素材图像导入该文档中, 选择 "艺术笔工具" 绘制花朵图案, 设置颜色如图 13-31 所示, 为花朵图案进行上色, 完成的最终效果如图 13-32 所示。

图 13-28

图 13-29

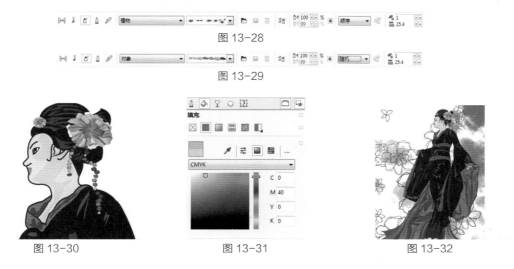

图 13-30　　　　　图 13-31　　　　　图 13-32

13.2 古代服装款式设计

01 按 Ctrl+N 键或执行菜单 "文件 / 新建" 命令, 系统会自动新建一个 A4 大小的空白文档。

02 参照图 13-33 所示设置属性栏，调整文档大小，单击工具箱中的"贝塞尔工具" ，参照图 13-34 所示绘制出人物的线稿轮廓。

图 13-33　　　　　　　　　　　　　　　　　　　　　图 13-34

03 使用"贝塞尔工具" 绘制人物面部皮肤，其颜色设置如图 13-35 所示，单击"交互式网格填充工具" ，这时将出现网格，现在只需填充适当颜色修饰明暗就可以，如图 13-36 所示。

04 选择"贝塞尔工具" 绘制人物皮肤，使用"均匀填充工具" 进行填充，如图 13-37 所示，填充后效果如图 13-38 所示。

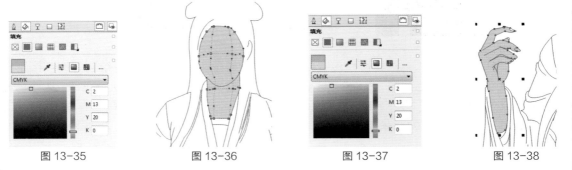

图 13-35　　　　　　　图 13-36　　　　　　　图 13-37　　　　　　　图 13-38

05 选择"贝塞尔工具" 绘制人物皮肤明暗轮廓，使用"均匀填充工具" 进行填充，如图 13-39 所示，填充后效果如图 13-40 所示。

06 使用"贝塞尔工具" 参照图 13-41 所示绘制人物鼻子，其颜色设置如图 13-42 和图 13-43 所示。

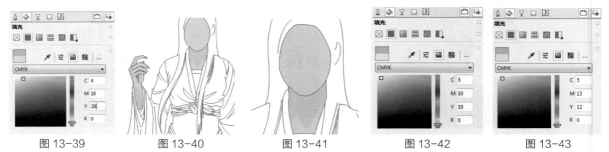

图 13-39　　　　　　图 13-40　　　　　　图 13-41　　　　　　图 13-42　　　　　　图 13-43

07 使用"贝塞尔工具" 绘制人物鼻孔，其颜色设置如图 13-44 所示，得到图形效果如图 13-45 所示。

图 13-44　　　　　　　　　　　　　图 13-45

08　使用"贝塞尔工具"绘制人物眉毛，选择"渐变填充工具"，设置对话框如图 13-46 所示，得到图形效果如图 13-47 所示。参照图 13-48 所示将绘制好的眉毛水平镜像复制。

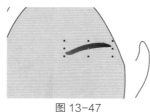

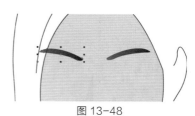

图 13-46　　　　　　　　　图 13-47　　　　　　　　　图 13-48

09　使用"贝塞尔工具"绘制嘴的明暗轮廓，其颜色设置如图 13-49 和图 13-50 所示，得到图形效果如图 13-51 所示。

图 13-49　　　　　　　　　图 13-50　　　　　　　　　图 13-51

10　选择"贝塞尔工具"绘制人物嘴部，使用"均匀填充工具"进行填充，如图 13-52 所示，填充后效果如图 13-53 所示。

11　选择"贝塞尔工具"继续绘制人物嘴部，使用"均匀填充工具"进行填充，如图 13-54 所示，填充后效果如图 13-55 所示。

图 13-52　　　　　　　　图 13-53　　　　　　　　图 13-54　　　　　　　　图 13-55

12　选择"贝塞尔工具" 绘制人物眼睛，使用"均匀填充工具" 进行填充，如图 13-56 所示，填充后效果如图 13-57 所示。

13　选择"贝塞尔工具" 绘制人物眼睛，使用"均匀填充工具" 进行填充，如图 13-58 所示，填充后效果如图 13-59 所示。

图 13-56　　　　　图 13-57　　　　　图 13-58　　　　　图 13-59

14　参照图 13-60 所示绘制人物的眼睛，其颜色设置为黑色。参照图 13-61 所示继续绘制眼睛，其颜色设置为白色。

15　选择"贝塞尔工具" 绘制人物眼睛，使用"均匀填充工具" 进行填充，如图 13-62 所示，填充后效果如图 13-63 所示。参照图 13-64 所示将绘制好的眼睛水平镜像复制。

   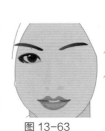 

图 13-60　　　　图 13-61　　　　图 13-62　　　　图 13-63　　　　图 13-64

16　选择"贝塞尔工具" 绘制上衣，使用"均匀填充工具" 进行填充，如图 13-65 所示，填充后效果如图 13-66 所示。

17　选择"贝塞尔工具" 绘制裙子，使用"均匀填充工具" 进行填充，如图 13-67 所示，填充后效果如图 13-68 所示。

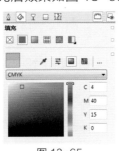   

图 13-65　　　　　图 13-66　　　　　图 13-67　　　　　图 13-68

18　使用"贝塞尔工具" ，参照图 13-69 所示绘制上衣明暗轮廓，其颜色设置如图 13-70 至图 13-73 所示。

19　使用"贝塞尔工具" ，参照图 13-74 所示绘制袖口明暗轮廓，其颜色设置如图 13-75 和图 13-76 所示。

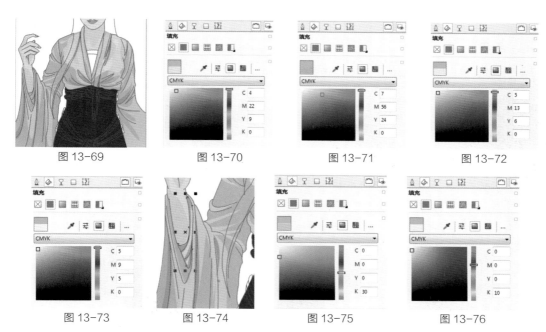

图 13-69　　　　图 13-70　　　　图 13-71　　　　图 13-72

图 13-73　　　　图 13-74　　　　图 13-75　　　　图 13-76

20 选择"贝塞尔工具" 绘制图形，选择"位图图样填充工具" ，设置对话框如图 13-77 所示，得到图形效果如图 13-78 所示。

21 选择"贝塞尔工具" 绘制图形，使用"底纹填充工具" ，设置对话框如图 13-79 所示，得到图形效果如图 13-80 所示。

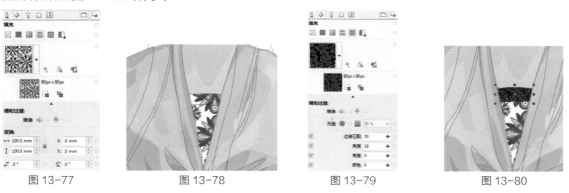

图 13-77　　　　图 13-78　　　　图 13-79　　　　图 13-80

22 使用"贝塞尔工具" 绘制裙子暗部轮廓，暗部颜色填充如图 13-81 所示，得到图形效果如图 13-82 所示。

23 选择"贝塞尔工具" 绘制图形，使用"均匀填充工具" 进行填充，如图 13-83 所示，填充后效果如图 13-84 所示。

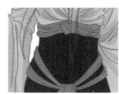

图 13-81　　　　图 13-82　　　　图 13-83　　　　图 13-84

24 使用"贝塞尔工具" ，参照图 13-85 所示绘制图形明暗轮廓，其颜色设置如图 13-86 至图 13-91 所示。

图 13-85

图 13-86

图 13-87

图 13-88

图 13-89

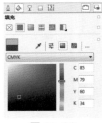
图 13-90

图 13-91

25 选择"贝塞尔工具" 绘制指甲面积轮廓，使用"均匀填充工具" 进行填充，如图 13-92 所示，填充后效果如图 13-93 所示。

26 使用"贝塞尔工具" ，参照图 13-94 所示绘制人物的头发，其颜色设置为黑色。使用"贝塞尔工具" 绘制头发明部轮廓，明部颜色填充如图 13-95 所示，得到图形效果如图 13-96 所示。

图 13-92

图 13-93

图 13-94

图 13-95

图 13-96

27 选择"艺术笔工具" ，属性栏设置如图 13-97 所示，参照图 13-98 所示绘制并调整图形。执行菜单"文件/导入"命令，将素材文件夹中名为"13.2"的素材图像导入该文档中，按如图 13-99 所示调整摆放位置。

图 13-97

图 13-98

图 13-99

13.3　书香门第服装款式设计

01　按 Ctrl+N 键或执行菜单"文件 / 新建"命令，系统会自动新建一个 A4 大小的空白文档。

02　参照图 13-100 所示设置属性栏，调整文档大小，执行菜单"文件 / 导入"命令，将素材文件夹中名为"13.3"的素材图像导入该文档中，按如图 13-101 所示调整摆放位置。

图 13-100　　　　　　　　　　　　　　　　图 13-101

03　单击工具箱中的"贝塞尔工具" ，参照图 13-102 所示绘制出人物的线稿轮廓。选择"轮廓工具" ，打开轮廓笔对话框，参数设置如图 13-103 和图 13-104 所示。

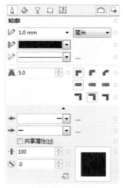

图 13-102　　　　　　　　图 13-103　　　　　　　　图 13-104

04　参照图 13-105 所示绘制图形，其颜色设置为白色。选择"贝塞尔工具" 绘制图形面积轮廓，使用"均匀填充工具" 进行填充，如图 13-106 所示，填充后效果如图 13-107 所示。

图 13-105　　　　　　　图 13-106　　　　　　　图 13-107

05　选择"贝塞尔工具" 绘制书，使用"均匀填充工具" 进行填充，如图 13-108 所示，填充后效果如图 13-109 所示。

06　选择"贝塞尔工具" 绘制人物皮肤，使用"均匀填充工具" 进行填充，如图 13-110 所示，填充后效果如图 13-111 所示。

图 13-108   图 13-109   图 13-110   图 13-111

07   选择"贝塞尔工具" 绘制图形，使用"均匀填充工具" 进行填充，如图 13-112 所示，填充后效果如图 13-113 所示。

08   选择"贝塞尔工具" 绘制外衣，使用"均匀填充工具" 进行填充，如图 13-114 所示，填充后效果如图 13-115 所示。

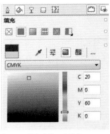

图 13-112   图 13-113   图 13-114   图 13-115

09   使用"贝塞尔工具" 绘制外衣暗部轮廓，暗部颜色填充如图 13-116 所示，得到图形效果如图 13-117 所示。

10   参照图 13-118 所示绘制人物的头发，其颜色设置为黑色。 使用"贝塞尔工具" 绘制皮肤暗部，暗部颜色填充如图 13-119 所示，得到图形效果如图 13-120 所示。

图 13-116   图 13-117   图 13-118   图 13-119   图 13-120

11   使用"贝塞尔工具" ，参照图 13-121 所示绘制裙子明暗轮廓，其颜色设置如图 13-122 和图 13-123 所示。

图 13-121   图 13-122   图 13-123

🖊 **12** 使用"贝塞尔工具" 绘制图形，其颜色设置如图 13-124 所示，得到图形效果如图 13-125 所示。

🖊 **13** 使用"贝塞尔工具" 绘制图形暗部轮廓，暗部颜色填充如图 13-126 所示，得到图形效果如图 13-127 所示。

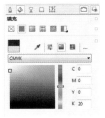
图 13-124

图 13-125

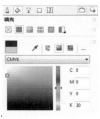
图 13-126

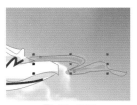
图 13-127

🖊 **14** 选择"贝塞尔工具" 绘制领部轮廓，使用"均匀填充工具" 进行填充，如图 13-128 所示，填充后效果如图 13-129 所示。

🖊 **15** 使用"贝塞尔工具" 绘制图形明部轮廓，明部颜色填充如图 13-130 所示，得到图形效果如图 13-131 所示。

图 13-128

图 13-129

图 13-130

图 13-131

🖊 **16** 选择"贝塞尔工具" 绘制图形，使用"均匀填充工具" 进行填充，如图 13-132 所示，填充后效果如图 13-133 所示。

🖊 **17** 选择"贝塞尔工具" 继续绘制图形，使用"均匀填充工具" 进行填充，如图 13-134 所示，填充后效果如图 13-135 所示。

图 13-132

图 13-133

图 13-134

图 13-135

🖊 **18** 利用同样的方法参照图 13-136 所示绘制图形明暗轮廓，其颜色设置如图 13-137 至图 13-139 所示。

图 13-136

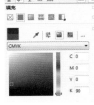
图 13-137

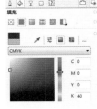
图 13-138

图 13-139

19　参照图 13-140 所示绘制图形，其颜色设置为黑色。绘制眼睛并填充颜色为黑色，如图 13-141 所示。参照图 13-142 所示继续绘制眼睛，填充颜色为白色。

图 13-140　　　　　　　图 13-141　　　　　　　图 13-142

20　使用"贝塞尔工具"，参照图 13-143 所示绘制人物嘴的明暗轮廓，其颜色设置为如图 13-144 和图 13-145 所示。

21　使用"贝塞尔工具"绘制头发明部轮廓，明部颜色填充如图 13-146 所示，得到图形效果如图 13-147 所示。

图 13-143　　　　　　　图 13-144　　　　　　　图 13-145　　　　　　　图 13-146

22　使用"椭圆形工具"，参照图 13-148 所示绘制图形，右键单击调色板中的⊠按钮，去除对象轮廓色，使用"均匀填充工具"进行填充，如图 13-149 所示，填充后效果如图 13-150 所示。

图 13-147　　　　　　　图 13-148　　　　　　　图 13-149　　　　　　　图 13-150

23　使用"艺术笔工具"，属性栏设置如图 13-151 所示，参照图 13-152 所示绘制并调整图形。选择"贝塞尔工具"绘制图形，选择"底纹填充工具"，设置对话框如图 13-153 所示，得到图形效果如图 13-154 所示。图形最终效果如图 13-155 所示。

图 13-151

| 图 13-152 | 图 13-153 | 图 13-154 | 图 13-155 |

13.4 宫廷贵妃服装款式设计

01 按 Ctrl+N 键或执行菜单"文件/新建"命令，系统会自动新建一个 A4 大小的空白文档。

02 参照图 13-156 所示设置属性栏，调整文档大小，单击工具箱中的"贝塞尔工具"，参照如图 13-157 所示绘制出人物的线稿轮廓。选择"轮廓工具"，打开轮廓笔对话框，参数设置如图 13-158 所示。

图 13-156

03 选择"贝塞尔工具"绘制图形，使用"均匀填充工具"进行填充，如图 13-159 所示，填充后效果如图 13-160 所示。

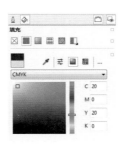

| 图 13-157 | 图 13-158 | 图 13-159 | 图 13-160 |

04 使用"贝塞尔工具"绘制人物面部皮肤，其颜色设置如图 13-161 所示，单击"交互式网格填充工具"，这时将出现网格，现在只需填充适当颜色修饰明暗就可以，如图 13-162 所示。

05 选择"贝塞尔工具"绘制图形，使用"均匀填充工具"进行填充，如图 13-163 所示，填充后效果如图 13-164 所示。

| 图 13-161 | 图 13-162 | 图 13-163 | 图 13-164 |

06　参照图 13-165 所示绘制人物的头发，其颜色设置为黑色。使用"贝塞尔工具" 绘制头发明部轮廓，明部颜色填充如图 13-166 所示，得到图形效果如图 13-167 所示。

图 13-165　　　　　　　　图 13-166　　　　　　　　图 13-167

07　选择"贝塞尔工具" 绘制图形，使用"均匀填充工具" 进行填充，如图 13-168 所示，填充后效果如图 13-169 所示。

08　选择"贝塞尔工具" 绘制图形，使用"均匀填充工具" 进行填充，如图 13-170 所示，填充后效果如图 13-171 所示。

  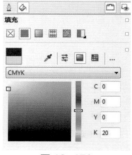 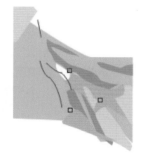

图 13-168　　　　　　图 13-169　　　　　　图 13-170　　　　　　图 13-171

09　选择"贝塞尔工具" 绘制图形，使用"均匀填充工具" 进行填充，如图 13-172 所示，填充后效果如图 13-173 所示。

10　使用"贝塞尔工具" ，参照图 13-174 所示绘制图形明暗轮廓，其颜色设置如图 13-175 至图 13-179 所示。

图 13-172　　　　　　图 13-173　　　　　　图 13-174　　　　　　图 13-175

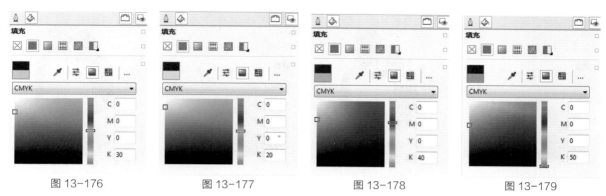

图 13-176　　　　　图 13-177　　　　　图 13-178　　　　　图 13-179

11　选择"贝塞尔工具" 绘制图形，使用"均匀填充工具" 进行填充，如图 13-180 所示，填充后效果如图 13-181 所示。

12　选择"贝塞尔工具" 绘制图形，使用"均匀填充工具" 进行填充，如图 13-182 所示，填充后效果如图 13-183 所示。

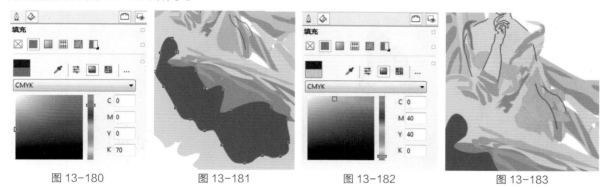

图 13-180　　　　　图 13-181　　　　　图 13-182　　　　　图 13-183

13　选择"贝塞尔工具" ，参照图 13-184 所示绘制图形明暗轮廓，其颜色设置如图 13-185 和图 13-186 所示。

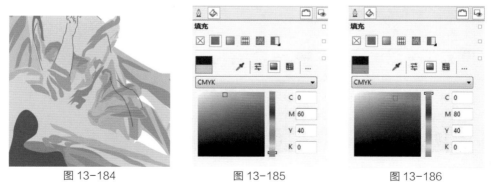

图 13-184　　　　　图 13-185　　　　　图 13-186

14　选择"贝塞尔工具" 绘制眼影，使用"均匀填充工具" 进行填充，如图 13-187 所示，填充后效果如图 13-188 所示。

15　选择"贝塞尔工具" 继续绘制眼影，使用"均匀填充工具" 进行填充，如图 13-189 所示，填充后效果如图 13-190 所示。

图 13-187　　　　　　图 13-188　　　　　　图 13-189　　　　　　图 13-190

16　绘制眼睛并填充颜色为黑色，如图 13-191 所示。参照图 13-192 所示继续绘制眼睛，填充颜色为白色。

17　使用"贝塞尔工具" ，参照图 13-193 所示绘制人物嘴的明暗轮廓，其颜色设置如图 13-194和图 13-195 所示。

图 13-191　　　　　图 13-192　　　　　图 13-193　　　　　图 13-194

18　选择"贝塞尔工具" 绘制皮肤，使用"均匀填充工具" 进行填充，如图 13-196 所示，填充后效果如图 13-197 所示。

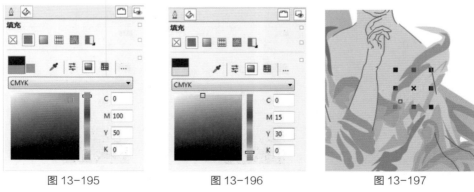

图 13-195　　　　　　　图 13-196　　　　　　　图 13-197

19　选择"贝塞尔工具" 绘制图形，使用"均匀填充工具" 进行填充，如图 13-198 所示，填充后效果如图 13-199 所示。

20　选择"贝塞尔工具" 绘制图形明部轮廓，使用"均匀填充工具" 进行填充，如图 13-200 所示，填充后效果如图 13-201 所示。

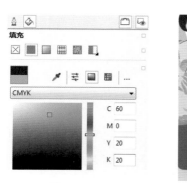

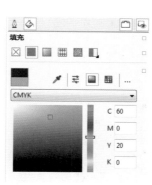

图 13-198　　　　　　　图 13-199　　　　　　　　图 13-200　　　　　　　图 13-201

21　选择"贝塞尔工具"，绘制图形，使用"均匀填充工具" 进行填充，如图 13-202 所示，填充后效果如图 13-203 所示。

22　选择"粗糙笔刷工具"，属性栏设置如图 13-204 所示，参照图 13-205 所示绘制图形。利用同样的方法，参照图 13-206 所示继续绘制图形。

23　选择"艺术笔工具"，属性栏设置如图 13-207 所示，参照图 13-208 所示绘制并调整图形。图形最终效果如图 13-209 所示。

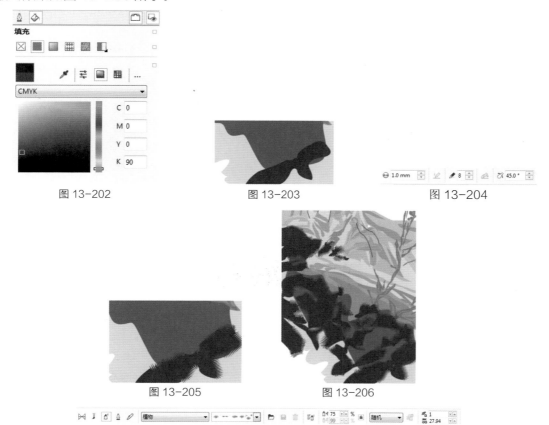

图 13-202　　　　　　　　　　图 13-203　　　　　　　　　图 13-204

图 13-205　　　　　　　　　　图 13-206

图 13-207

图 13-208   图 13-209

⬛ **13.5 外国宫廷服装款式设计**

🪡 **01** 按 Ctrl+N 键或执行菜单"文件 / 新建"命令，系统会自动新建一个 A4 大小的空白文档。

🪡 **02** 单击工具箱中的"贝塞尔工具" ✏️，参照图 13-210 所示绘制出人物的线稿轮廓。选择"轮廓工具" 🖊️，打开轮廓笔对话框，参数设置如图 13-211 所示。

🪡 **03** 选择"贝塞尔工具"✏️ 绘制人物皮肤，使用"均匀填充工具" ◼️ 进行填充，如图 13-212 所示，得到效果如图 13-213 所示。

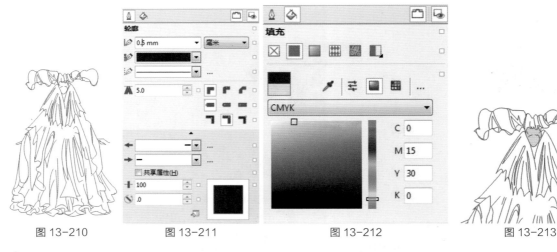

图 13-210   图 13-211   图 13-212   图 13-213

🪡 **04** 选择"贝塞尔工具"✏️ 绘制图形，使用"均匀填充工具" ◼️ 进行填充，如图 13-214 所示，得到效果如图 13-215 所示。

🪡 **05** 选择"贝塞尔工具"✏️ 绘制头饰，使用"均匀填充工具" ◼️ 进行填充，如图 13-216 所示，得到效果如图 13-217 所示。

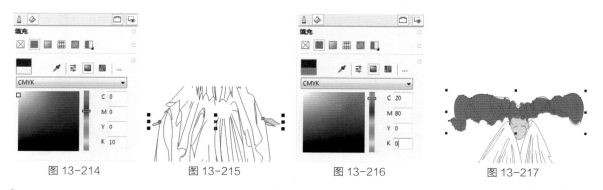

图 13-214　　　　　图 13-215　　　　　图 13-216　　　　　图 13-217

06　使用"贝塞尔工具" ，参照图 13-218 所示绘制图形明暗轮廓，其颜色设置如图 13-219 和图 13-220 所示。

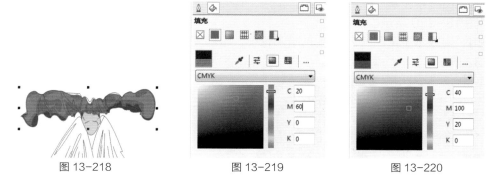

图 13-218　　　　　　　图 13-219　　　　　　　图 13-220

07　选择"贝塞尔工具" 绘制服装，选择"底纹填充工具" ，设置对话框如图 13-221 所示，得到图形效果如图 13-222 所示。

08　选择"贝塞尔工具" 绘制服装，使用"均匀填充工具" 进行填充，如图 13-223 所示，得到效果如图 13-224 所示。

图 13-221　　　　　图 13-222　　　　　图 13-223　　　　　图 13-224

09　选择"贝塞尔工具" 绘制图形，使用"均匀填充工具" 进行填充，如图 13-225 所示，得到效果如图 13-226 所示。

10 使用"贝塞尔工具" 绘制服装暗部轮廓，暗部颜色填充如图 13-227 所示，得到图形效果如图 13-228 所示。

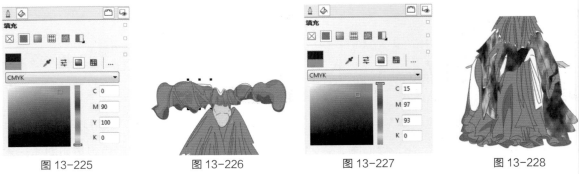

图 13-225　　　　　　图 13-226　　　　　　图 13-227　　　　　　图 13-228

11 选择"贝塞尔工具" 绘制图形，使用"均匀填充工具" 进行填充，如图 13-229 所示，得到效果如图 13-230 所示。

12 使用"贝塞尔工具" 绘制图形暗部轮廓，暗部颜色填充如图 13-231 所示，得到图形效果如图 13-232 所示。

图 13-229　　　　　　图 13-230　　　　　　图 13-231　　　　　　图 13-232

13 参照图 13-233 所示绘制图形，其颜色填充为白色。选择"贝塞尔工具" 绘制眼部，使用"均匀填充工具" 进行填充，如图 13-234 所示，得到效果如图 13-235 所示。

14 选择"贝塞尔工具" 绘制图形，使用"均匀填充工具" 进行填充，如图 13-236 所示，得到效果如图 13-237 所示。

图 13-233　　　　　　图 13-234　　　　　　图 13-235　　　　　　图 13-236

15 参照图 13-238 所示绘制眼部图形，其颜色设置为黑色，参照图 13-239 所示继续绘制眼部图形，其颜色设置为白色。利用同样的方法，参照图 13-240 所示绘制另一只眼睛。

图 13-237

图 13-238

图 13-239

图 13-240

16 选择"贝塞尔工具" 绘制图形，使用"均匀填充工具" ■ 进行填充，如图 13-241 所示，得到效果如图 13-242 所示。

17 选择"贝塞尔工具" 绘制嘴的轮廓，使用"均匀填充工具" ■ 进行填充，如图 13-243 所示，得到效果如图 13-244 所示。

图 13-241

图 13-242

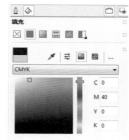
图 13-243

图 13-244

18 使用"贝塞尔工具" ，参照图 13-245 所示绘制嘴的明暗轮廓，其颜色设置如图 13-246 和图 13-247 所示。

图 13-245

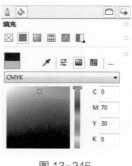
图 13-246

图 13-247

19 选择"艺术笔工具" ，属性栏设置如图 13-248 所示，参照图 13-249 所示绘制图形，更改属性栏如图 13-250 所示，参照图 13-251 所示绘制图形，得到最终效果。

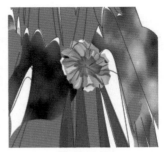

图 13-248

图 13-249

图 13-250

图 13-251